社交媒體營銷策劃

樊　華、蔡倫紅、莫小平、白仁春、華　勇 著

崧燁文化

序　言

　　每天和你面對面交流最多的是誰？不是你的父母，也不是你的朋友，對，大多數人的答案一定是：手機！無論是在上班時間、在上課、在路上（甚至走路）、在餐桌上，還是在床上，你都目不轉睛的盯著手機屏幕，手機好像已經成了你身體的一部分，須臾不離！難怪現在連做家電的企業都趕著去做手機！

　　那麼人們為什麼對手機這個小小的電子設備如此著迷？其實，在人們對手機這個移動互聯網終端設備如此著迷的背後折射出來的是人們對社交媒體的狂熱，手機其實是人們之間進行相互交流和接受外部世界信息的一個窗口和工具。作為生活在社會中的個體，每個人都具有社會性，都渴望與其他人進行交流和互動，手機只不過剛好充當了這個交流的媒介，其實這樣的交流媒介還有很多，如傳統的臺式電腦、IPAD、手環、當然還有電視和電臺等傳統的大眾媒介。只不過在移動互聯網飛速發展的今天，作為最典型和最重要的移動互聯網終端的手機就當之無愧的成了最耀眼的明星。當然，在手機火熱的今天，折射出來的是人們正在悄然發生變革的生活方式，在物質生活越來越豐富、外面的世界越來越精彩、誘惑越來越多的今天，人們卻感到越來越孤獨，於是人們需要「抱團取暖」，我們需要重回「部落生活」，我們可以在「部落」中找到志同道合的朋友，找到溫暖、得到心靈的慰藉。這個「部落」可以是網路論壇、可以是FB社群、可以是微信朋友圈、還可以是……從行銷的角度，我們把這種「部落」稱為「社群」，針對這種「社群」應運而生的媒體，我們就把它稱為「社交媒體」。可見，社交媒體天生就具有極強的精準性，它在這一點上和傳統大眾媒體剛好反其道而行之，大眾媒體講求的是全面覆蓋。所以，不難理解，在人們重回「部落」生活，通過各種社交媒體熱衷在其「社群」內交流的今天，社交媒體的崛起，大眾媒體的衰落就成為必然。可以預見的是，在不遠的將來（可能是明年，也可能是後年？）社交媒體將會全面取代傳統大眾媒體，從而成為整個社會的主流媒體！

傳統大眾媒體的傳播方式是單向和線性的傳播，內容的生產者擁有著掌控信息的絕對權力，作為受眾的普通大眾只能被動的接受內容和信息，幾乎沒有話語權。正如著名的「魔彈論」裡所描述的那樣，受眾只不過是一個「靶子」，只要傳播者一聲令下，受眾就會應聲而倒。然而，今天以社交媒體的傳播方式正在發生著巨大的變化，其傳播方式變成了多維和網狀，普通大眾也能參與信息和內容的生產，他們在很多時候甚至成了主角！我們不再稱他們為「受眾」，轉而稱為「社群成員」。與此同時，傳統的消費者行為方式也正在發生天翻地覆的變化，人們越來越習慣於在網上購買東西，忽然之間，似乎什麼東西都可以放在互聯網上去銷售，消費者的購買決策模式也不再是傳統消費者行為學教科書上所講述的五步或七步的線性決策模式，而變成了樹突式的決策模式，人們的消費行為受到其所在的某個消費社群的影響越來越大。

　　以社交媒體為代表的傳播方式和消費者生活方式的變革給行銷者帶來了巨大的挑戰。傳統的行銷模式正變得越來越「不好用」，行銷人士期待著適應新時代的行銷模式的出現。鑒於此，筆者和幾位同仁在前人研究的基礎上，提出了新的社交媒體傳播模式和社群消費行為模式，進而提出了社交媒體行銷模型——MICC模型，其中Community—operation（社群營運）是核心，Match（匹配）、Interactive（交互體驗）和Contents—create（內容為王）是三大支柱。

　　本書是團隊合作的結果，樊華負責第1、3、5章，蔡倫紅負責第2章，畢勇負責第4章，白仁春負責第6章，莫小平負責第7章。在這個正在到來的行銷大時代，筆者希望能以此書拋磚引玉，得到各位行銷學術界和行銷實踐界人士的不吝指正，從而逐步建立起匹配我們這個新時代的行銷模式。

　　由於作者水平有限，成書倉促，本書一定有諸多不盡如人意的地方，懇請大家批評指正。

樊華

目　錄

第一章　導論 / 1

　（一）**社交媒體大時代的到來** / 1

　　　1. 方興正艾的社交媒體 / 1

　　　2. 社交媒體的內涵 / 2

　（二）**無所適從的行銷模式** / 6

　　　1. 傳統行銷模式：江河日下 / 6

　　　2. 創新行銷模式：八仙過海 / 9

　（三）**社交媒體行銷的內涵** / 15

　　　1. 社交媒體行銷的概念 / 15

　　　2. 社交媒體行銷的特徵 / 16

第二章　社交媒體行銷原理 / 18

　（一）**社群行銷觀念的興起** / 18

　　　1. 行銷觀念主線的變遷 / 18

　　　2.「社群」生活方式 / 18

　　　3. 社群行銷觀念 / 24

　（二）**社交媒體之傳播模型：CIPSA 模型** / 29

　　　1. 共創 / 30

2. 交互／31

　　3. 參與／32

　　4. 分享／33

　　5. 聚合／33

（三）社群中的消費者行為模型：EINAS 模型／34

　　1. 體驗／35

　　2. 興趣／36

　　3. 網路化溝通／36

　　4. 產生購買／37

　　5. 擴散／37

第三章　社交媒體行銷模型：MICC 模型／39

（一）匹配／39

　　1. 匹配成員／40

　　2. 匹配平臺／40

　　3. 匹配產品／41

（二）交互體驗／43

　　1. 快樂是積極情緒的主要類型／43

　　2. 消費者生成廣告／44

　　3. 讓顧客成為免費的推銷員／44

　　4. 口碑勝於廣告／45

（三）內容為王／45

　　1. 什麼是內容行銷？／45

　　2. 為什麼需要內容行銷？／46

　　3. 用戶需要什麼樣的內容？／47

4. O2O 的內容互動 ／ 51

（四）社群營運 ／ 54

1. 消費社群的前生——品牌社群 ／ 54
2. 以興趣聚人 ／ 55
3. 以觀念選人 ／ 58
4. 以利益黏人 ／ 59
5. 社群營運的一些技巧 ／ 60

第四章　匹配 ／ 64

（一）匹配成員 ／ 64

1. 社群成員看重的價值 ／ 64
2. 價值的最高境界——價值觀 ／ 65
3. 社群成員分類 ／ 69
4. 篩選社群成員 ／ 71

（二）匹配平臺 ／ 72

1. 社交媒體分類 ／ 72
2. 匹配傳播 ／ 73

（三）匹配產品 ／ 75

1. 社群消費產品的類別 ／ 75
2. 企業的社群產品策略 ／ 77

第五章　交互體驗 ／ 81

（一）你需要怎樣的社交媒體平臺？ ／ 81

1. 你想達成何種行銷目標？ ／ 82
2. 你需要哪些社交媒體？ ／ 92

(二) 如何營運你的社交媒體平臺？／ 107
   1. 社交媒體平臺如何吸引粉絲？／ 107
   2. 沒有活動，就沒有活躍！／ 118
   3. 交互體驗活動文案寫作／ 121
   4. 如何提升互動效果？／ 123

(三) 社交媒體交互活動管理／ 125
   1. 撰寫活動執行細案／ 125
   2. 活動前：預熱／ 126
   3. 活動中：記錄／ 127
   4. 活動後：分享、持續關注／ 128
   5. 活動效果統計／ 129

第六章　內容為王／ 131

(一) 軟文廣告行銷／ 131
   1. 軟文廣告理解／ 131
   2. 軟文廣告的特點／ 132
   3. 軟文廣告策劃思路／ 134
   4. 軟文廣告創作技巧／ 140
   5. 軟文廣告宣傳策略／ 142

(二) 視頻行銷內容創造／ 143
   1. 視頻行銷概述／ 143
   2. 視頻行銷策略／ 144
   3. 視頻創作技巧／ 149
   4. 視頻行銷注意事項／ 151

（三）遊戲行銷內容創造／152

　　　　1. 遊戲行銷理解／152

　　　　2. 遊戲化行銷策略運用思路／154

　　（四）圖片行銷內容創造／157

　　　　1. 圖片網路行銷理解／158

　　　　2. 圖片網路行銷的步驟／159

第七章　社群營運／160

　　（一）社群行銷的適用性／162

　　　　1. 社群行銷與社區行銷的區別／162

　　　　2. 開展社群行銷需要具備的條件／163

　　（二）如何建立網路社群／164

　　　　1. 網路社群的架構設計／164

　　　　2. 網路社群的類型選擇——應該建立什麼樣的社群／165

　　（三）企業網路社群的營運／166

　　　　1. 企業網路社群的加粉／166

　　　　2. 企業網路社群內容策劃及創作／169

第一章　導論

（一）社交媒體大時代的到來

1. 方興正艾的社交媒體

科技改變了整個世界，也改變了我們的溝通方式。互聯網技術的進步讓人與人之間的溝通變得更加方便和通暢。自 2004 年開始，以「去中心化」為基本標誌的 Web 2.0 技術的普及應用，讓用戶可以參與傳播的內容生成與分享，重回以人為本的交互思維，社交媒體（Social Media）的發展開始步入快車道。社交市場分析機構 We Are Social 公司發布的「2015 年社會化媒體、數字和移動業務數據趨勢報告」顯示，截至 2015 年 1 月，全球上網人數達到 30 億，全球 73.47 億人口中有 51%的人使用移動設備，活躍的社交帳號比 2014 年增加了 12%，達到 20.8 億，占全球人口的 29%，其中活躍的移動設備社交帳號占了 16.8 億。

在快速發展的移動互聯網世界當中，活躍社交帳號無疑是最耀眼的明星之一。顯而易見，在現代社會生活對互聯網技術依存度越來越高的今天，社交媒體在人們整個互聯網數字化的生存空間中，占據著不可或缺的地位。從面對面交流到非會面的交流，各種層出不窮的社交媒體正悄然改變著我們的社交圈和生活方式。其中，具有劃時代意義的事件之一是 2004 年哈佛大學學生扎克伯格（Zuckerburg）決心讓 Facebook 走出校園，由此引爆了「社交媒體時代」；值得一提的是，同年 6 月，喬布斯的 iPhone 手機開始正式發售，由此催生了移動互聯。

那些註定要名垂青史的社交媒介

◆2003 年，Myspace 上線營運。（美國）

Myspace作為紅極一時的社交網站，在上線營運的初期，一個月內便吸引了數百萬的註冊用戶。

◆2004年，Facebook誕生。（美國）

◆Flickr誕生。（美國）

Flicker是一款基於用戶照片內容的、獨立於瀏覽器的社交類應用。

◆2005年，YouTube誕生。（美國）

YouTube是一款支持用戶自由上傳視頻，並進行分享和傳播的社交類應用。

◆2006年，Twitter誕生。（世界上第一個微博，美國）

◆2009年8月14日，新浪微博上線營運。（中國）

◆2010年，Google Buzz服務上線營運。（美國）

Google將Gmail服務、微博及其他交流工具整合進Google Buzz。

◆2011年1月21日，騰訊即時通信類社交應用「微信」（We Chat）誕生。（中國）

◆2012年，Pinterest誕生。（美國）

社交類剪貼簿網站Pinterest是美國有史以來最快達到1,000萬註冊用戶的網站。

2. 社交媒體的內涵

（1）什麼是「社交媒體」？

目前國內關於「社交媒體」的中文定義數不勝數，其內涵也不盡相同。但它們都來源於對「Social Media」的翻譯。當然，與之密切相關的還有兩個英文概念，它們分別是「Social Network Sites」和「Online Social Networks」。

◆Social Media

「Social Media」這個詞最早在中國流傳開來是由於安東尼·梅菲爾德（Antony Mayfield）在2008年寫的一本叫作What Is Social Media的電子書。除了社交媒體以外，國人還把「Social Media」翻譯成「社會化媒體」和「社會性媒體」。國外引用較多的是對「Social Media」的解釋：「Social media are a group of Internet-based applications that are built on the ideological and technological foundations of Web 2.0, and that allow the creation and exchange of User Generated Content」。顯然，此處「Social Media」強調的重點是在Web 2.0的理念和技術的基礎上，用戶可以進行內容生產和內容交互的一類互聯網媒體。

◆Social Network Sites

國外引用較多的是對「Social Network Sites」的解釋：「Social network sites are web-based services that allow individuals to (1) construct a public or semi-public profile within a bounded system, (2) articulate a list of other users with whom they share a connection, and (3) view and traverse their list of connections and those made by others within the system.」此處強調的是基於互聯網提供服務的媒體，可以使個人首先通過特定有限的系統建立一個公開或者半公開的個人簡歷，然後建立一個互相聯繫和分享的朋友圈，最後就可以在自己的朋友圈內進行相互交流。顯然「Social Network Sites」的功能要比「Social Media」更多，更強調互動關係。在國內，「人人網」「開心網」「微博」「微信」就具有這樣的功能；在國外，Facebook 和 Twitter 則是典型的「SocialNetwork Sites」。

◆Online Social Networks

它主要是指倚重於移動互聯網的社交媒體，針對中國目前一些越來越淡化 PC 機使用的社交媒體，如微信、陌陌、易信等，可能 Online Social Networks 更合適一些。

從上述的回顧中我們可以看出，「Social Media」所指的範圍要比「Social Network Sites」和「Online Social Networks」廣；後兩個英文概念都含有「Social Network」的意思，都更強調「互動」和「社交網路」的屬性，但也有各自強調的重點。在本書中，筆者採用趙雲澤等人的觀點，採用了「社交媒體」的說法，而沒有採用「社會化媒體」的說法，其原因在於「社交」即是社會上的人際交往，其核心是人們各自的信息、思想和感情的交流，它是具有一定公開性的溝通活動。基於 Web 2.0 技術的「Social Media」風靡全球，正是因為它滿足了人們對社交便利的渴望。社交中最基本的要素是信息溝通和情緒管理。這種新型媒介作為便捷、廉價的溝通工具使得社交的成本大大降低，信息溝通不再是問題；同時，這種新型媒介越來越人性化的人機交互界面以及豐富的表情符號設計等，都使得這種媒介在「情緒管理」方面也具有非常突出的優勢。甚至對於一些人來說，其溝通的效果超過了線下溝通的效果。基於此，筆者認為「社交媒體」的說法比「社會化媒體」更能反應出「Social Media」的本質特徵。

綜合前人的研究結果，筆者認為，「社交媒體」是一種基於 Web 2.0 技術、用戶主動參與、深度捲入、頻繁互動的新型在線媒體。

（2）社交媒體的特徵

綜合國內外學者對社交媒體特徵的總結，筆者認為社交媒體主要具備四大

特徵，即主動參與、多維互動、社群化、融合連通。

◆主動參與

社交媒體可以激發感興趣的用戶主動地貢獻和反饋，它模糊了傳播者和受眾之間的界限，集中體現在用戶主動（參與）創造內容。社交媒體的低門檻給了每個人創造和傳播內容的機會。在社交媒體出現以前，創造內容並傳播給受眾的權利，掌握在具有內容製作設備和工具的人或者組織手中。社交媒體是基於人的網路應用，用戶從單純的內容消費者演變為生產者和消費者的合二為一，給予了受眾極大的參與空間。社交媒體強調「社交性」與「媒體性」，其核心是用戶的主動參與——自發貢獻、提取、創造內容並進行傳播的過程。「社交性」主要體現為人際交往的虛擬性，人與人之間的交往不再局限於現實生活中的面談，還可以通過評論他人轉發的內容、分享自己的生活等方式進行人際交往。「媒體性」主要體現在用戶創造內容，用戶可以根據自己的喜好創作內容，傳播自己感興趣的內容。總之，社交媒體的出現，讓廣大用戶充分享有了自主權。

◆多維互動

傳統媒體與用戶之間的信息傳播是典型的「廣播」模式，內容由媒體向用戶進行單向傳播。社交媒體則徹底改變了該傳播模式。其內容可以在媒體和用戶之間進行雙向傳播，甚至還可以在用戶之間進行網狀傳播，同時還可以迅速地對傳播效果進行反饋，導致最終形成了多個傳播方向的，媒體生產者、經營者和用戶之間以及用戶與用戶之間頻頻互動的多維互動傳播方式。例如，觀眾在收看電視節目的同時可以在電視臺官方微博實時發表評論，或者向節目製作方提問，製作方則能夠實時瞭解觀眾的態度。

◆社群化

社交媒體催生了網路社群。社交媒體通過模擬真實的人際交往，可激發用戶將現實的人際關係轉移到互聯網上來；基於某些興趣愛好或共同觀點，用戶們聚合到一起，進行充分交流，由此產生了較高的信任度，最終形成了一個或封閉或開放的網路社群。同時，該網路社群的形成也反過來促使社交媒體的傳播路徑越來越依賴人際關係網路。例如，微信朋友圈是由朋友、同學等熟人關係建立的強關係鏈，其信息傳播依賴並且直接展現了用戶的人際交往關係。

◆融合連通

社交媒體具有強大的連通性，通過連接將多種媒體融合在一起。這種融合連通性主要表現在兩個方面：一是傳統互聯網和移動互聯網的融合連通，用戶獲取和傳播信息的時間越來越碎片化，在乘坐交通工具、旅行、開會等場合中

的閒暇時間接觸信息主要是使用移動化互聯網終端，這就促成了傳統互聯網和移動互聯網的融合；二是社交媒體和其他網路媒體的融合以及不同社交媒體之間的融合，不同的媒體形式適合承載不同類型的內容，社交媒體平臺則由於其強大的兼容性，整合了文字、圖片、音視頻多媒體等多種類型的內容，這就促成了不同類型媒體的融合。

（3）社交媒體分類

從社交媒介的主要功能和用戶捲入的深度等角度，可把社交媒體分為創作編輯型社交媒體、資源共享型社交媒體和社交服務型社交媒體三大類，如表1-1所示。

表1-1　　　　　　　　　　常見社交媒體分類表

社交媒體類型	典型社交媒體	特徵	行銷應用
創作編輯型	論壇網站、BBS、微博、維基和社交型問答網站等	用戶通常只是簡單參與，捲入度不深。例如，觀看與評論，創作或編輯一些內容發布，其主要的溝通均是圍繞一個主題來展開；發布者和評論者主要是雙向溝通，較少出現發散的、多維的溝通。例如，最簡單的雙向溝通就是用戶閱讀完其他人發布的信息後的點「讚」，表明自己的態度，至於為什麼要「讚」，到底哪些地方值得「讚」，則很少會做說明或進一步的溝通	創作編輯型社交媒體的典型應用是社交廣告。比如2010年凡客誠品邀請韓寒和王珞丹作為企業形象代言人，拍攝了一系列「凡客體」廣告。該系列廣告意在戲謔主流文化，彰顯該品牌的自我路線和個性形象。然而其另類手法也招致不少網友圍觀，網路上出現了大批模仿和惡搞「凡客體」的內容，形成一種網路文化，放大了凡客誠品廣告的傳播價值
資源共享型	照片分享網站、視頻分享網站、音樂分享網站、評論網等	此類用戶多是基於對某方面的愛好和興趣而聚集一起，以照片、音樂或視頻的方式來表達和體現其興趣或愛好，並希望借此找到同類，交流情感。此類情感大多是給人帶來愉悅體驗的積極情感，如快樂	資源共享型社交媒體的應用側重營造積極的情感體驗，增加用戶分享傳播的主動性。例如，小米手機不只停留在功能上超出用戶預期，且賦予了手機「勵志」和「酷」等諸多積極的情感，給予了用戶強烈的情感體驗。顯然，這種積極的情感體驗顯著地促進了產品銷售

表1-1(續)

社交媒體類型	典型社交媒體	特徵	行銷應用
社交服務型	社交網路、即時通訊、Mobil Chat、微信等	此類用戶最典型的特徵是多維互動行為，在三種社交媒體類型中捲入度最深，他們熱衷於和其網路社群中的其他人一起互動交流，他們幾乎無時無刻不在線上，這類行動捲入是情感體驗的昇華	社交服務型社交媒體的典型應用是用戶捲入產品研發和生產的行為，使用戶成為產品的「聯合生產者」。網路眾籌模式就是用戶捲入產品生產典型模式。例如，「知乎」於2013年12月發起《創業時，我們在知乎聊什麼?》的圖書眾籌項目，依託優質的內容和良好的社區氛圍，上線短短十分鐘之內就完成了「1,000位聯合出版人，每位聯合出版人提供99元眾籌款，合計9.9萬元」的眾籌目標

(二) 無所適從的行銷模式

傳播學大師麥克盧漢曾有句名言：媒介即信息。這表明了媒介和信息的密切相關性。類似地，行銷和傳播之間的關係也是非常密切的，因此也可以這樣表述傳播和行銷之間的關係：傳播即行銷。社交媒體的興起帶來了傳播模式的改變，那麼必然帶來行銷模式的變革。

1. 傳統行銷模式：江河日下

近年來，越來越多的行銷從業人員發現，消費者正變得越來越難以琢磨，原來行之有效的行銷模式現在的效果變得越來越差，這直接體現在行銷經理們不斷削減傳統行銷工具的預算，這又進一步導致了如傳統媒體廣告市場表現得越來越糟糕。中央電視臺市場研究（CTR）發布的《2015年中國廣告市場回顧》顯示，近兩年來傳統廣告刊例花費已呈現負增長，即呈下降趨勢（見圖1-1）。

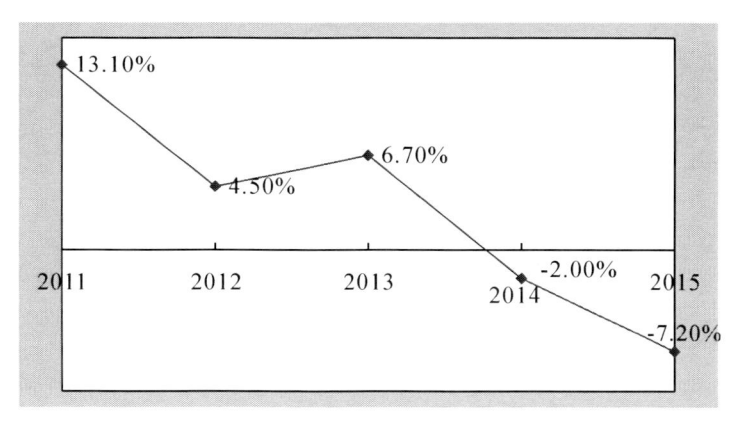

图 1-1　2011—2015 年傳統廣告刊例花費同比增幅

數據來源：CTR 媒介智訊 廣告監測數據庫。

從 2015 年各媒體的表現來看，傳統五大媒體的廣告費全線下滑，其中電視廣告費跌幅較 2014 年略微擴大（跌 4.6%）、報紙廣告費跌 35.4%、雜誌廣告費跌 19.8%，見圖 1-2。

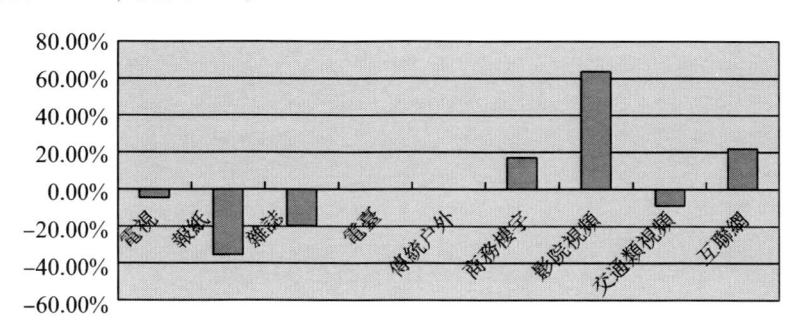

圖 1-2　2015 年各媒介廣告刊例花費同比變化

數據來源：CTR 媒介智訊 廣告監測數據庫。

從圖 1-2 可以清晰地看出，傳統媒體受到傳播模式轉變的衝擊最大，平面媒體下滑的趨勢最明顯，電視媒體也開始陷入下滑的趨勢。雖然電視媒體的權威價值、線下長尾覆蓋能力使其在廣告市場中所扮演的重要角色仍舊不可忽視，但面對觸屏習慣變遷、收視時長下滑、觀眾老齡化、政策高壓管制等諸多因素的影響，其受眾價值逐漸降低和高居不下的廣告價格等方面正受到業界愈來愈多的質疑。同時，在注重銷售轉化的互聯網時代，電視廣告從認知到銷售之間的轉化路徑過長也成為其面臨的一個重要挑戰。

從發展趨勢上看，移動化和被動化是最重要的方向。飛速發展的移動互聯

網使人們可以隨時隨地獲取信息，資訊方式和媒體消費時長日益轉向移動終端。與此同時，過多的資訊令消費者陷入了過度選擇——被嚴重分散的注意力，愈來愈被稀釋的廣告，這使得被動式媒體的價值開始凸顯出來，在用戶必經的、封閉的生活空間中的被動式媒體以其強制性和不可選擇性在移動互聯網時代得到了更多廣告主的認同。

（1）傳統行銷模式——越來越高的成本

以四大傳統促銷工具裡面的廣告為例，傳統廣告行銷成本不斷提高。例如，中央電視臺的廣告「標王」的價格，1996年20秒廣告單價為6,666萬元人民幣，到了2011年這個價格飆升到6億元人民幣，5年時間增長近10倍。中央電視臺的廣告「標王」是傳統廣告價格昂貴的註腳。到了2013年，劍南春以6.09億元的價格獲得「標王」，這對大量的中小企業而言顯然是可望而不可即的。見表1-2。

表1-2　　　　歷屆中央電視臺招標「標王」與中標價　　　　單位：億元

年份	招標額最高企業	中標金額	中央電視臺招標總金額
1995	孔府宴酒	0.31	
1996	秦池酒	0.67	
1997	秦池酒	3.2	
1998	愛多VCD	2.1	
1999	步步高	1.59	
2000	步步高	1.26	
2001	娃哈哈	0.22	
2002	娃哈哈	0.20	26.26
2003	熊貓手機	1.08	33.15
2004	蒙牛	3.1	44.12
2005	寶潔	3.8	52.48
2006	寶潔	3.94	58.69
2007	寶潔	4.2	67.96
2008	伊利	3.78	80.28
2009	納愛斯	3.05	92.56
2010	蒙牛	2.039	109.66

表1-2(續)

年份	招標額最高企業	中標金額	中央電視臺招標總金額
2011	蒙牛	2.305	126.68
2012	茅臺	4.43	142
2013	劍南春	6.09	158.813

數據來源：http://spirit.tjkx.com/糖酒快訊-歷屆央視招標「標王」與中標價一覽。

（2）傳統行銷模式——越來越差的效果

在以傳統廣告為代表的傳統行銷模式的成本越來越高的同時其效果卻愈來愈差。傳統廣告傳播效果模糊且缺乏對廣告監測的有效手段。當前的廣告監測只是一種模糊的估計，仍處於約翰‧沃納梅克所說的「我知道我的廣告費有一半是浪費的，但我不知道浪費的是哪一半」的窘境之中。當然，今天企業若是選擇做傳統的「硬廣告」，其浪費的廣告費恐怕就不是一半了，可能要占到絕大部分。另外，在嘈雜的媒體環境下，消費者對傳統單向式的、強迫式的廣告產生了越來越重的抗拒心理，這也導致了在廣告千人成本逐年上升的同時，廣告效能卻在急遽下降。

傳統廣告及傳統行銷模式日顯頹勢的效果也引起了企業的重視，開始著手做相應的調整。2013年，《中國經營報》稱要對報社進行一次大範圍的組織機構調整，報社沒有廣告部門了，取而代之的是像互聯網公司一樣形形色色的項目團隊。海爾公司也已宣布不再刊登「硬廣告」的消息。傳統行銷模式似乎正在陷入一個惡性循環的怪圈，難以自拔。

2. 創新行銷模式：八仙過海

與傳統行銷廣告日薄西山之勢形成鮮明對比的是，互聯網媒體廣告正散發出如旭日初升一般的耀眼光芒。CTR媒介智訊數據顯示，2015年媒體廣告花費整體增長22%。需要特別指出的是，相比較而言，選擇移動端進行互聯網廣告投放的廣告主的比例正在快速接近PC端投放的水平。有意思的是，當預算可以增加時，大多數廣告主認為會將其使用於移動端廣告。這意味著手機等移動終端對於當今人們生活方式的重要性已經受到廣告主的高度認可。

行銷人員早就瞭解到網路傳播者在消費者偏好和實際購買行為上的影響力。由此，許多行銷人員尋找機會來鼓勵口碑傳播和其他有關其產品的非正式溝通。他們意識到，與付費的廣告或者公司的銷售人員相比，消費者更加信任非正式的傳播來源。於是，依託飛速發展的社交媒體，各種創新行銷模式層出

不窮，各顯神通，並在短期之內成就了許多「品牌神話」，如褚橙。

社交媒體行銷之經典案例：
褚橙——我們吃的不是橙子，吃的是勵志精神！

  2012 年褚時健與生鮮電商本來生活網合作，將他的褚橙賣到上海、北京、深圳等一線城市，創造了一個銷售奇跡。2013 年，褚時健授權本來生活網把 2013 年的褚橙銷往全國，銷售範圍擴至天津、上海、江蘇、廣東等地的 22 個城市。褚橙價格不菲（每千克高達 29.6 元），但銷售仍火爆，僅 2013 年 11 月 11 日這一天，褚橙的預售量便已經超過了 2012 年全年的總銷量，達到 200 噸。如今，褚橙已經成為一個非常響亮的品牌；同時，原本名不見經傳的小電商本來生活網，也因為獨家銷售「褚橙」而火起來。如果將褚橙這一品牌比做某位大師的成功畫作，那麼褚橙產品本身就是這幅畫作的基礎，而情感因子與社會化媒體完美結合的褚橙式行銷則是讓整幅畫作大放異彩的點睛之筆。

  兩種主要情感因子的融入。從種植、培育、採摘、檢測、運輸、倉儲、配送這一系列過程的精細操作，以及在這整個過程中褚橙對相關利益者的照顧，都給消費者一種「安全」與「信賴」的感受，這實際上也是一種情感體驗。但是在褚橙的行銷過程中，利用的兩種主要情感則是「勵志精神」與「幽默」。褚橙的創始人褚時健經歷了跌宕起伏的傳奇人生，在經歷了事業和家庭的雙重打擊後，75 歲的他並沒就此放棄。首先是許多中年企業家對褚時健的勵志故事表示非常敬仰，後來褚橙的網路經銷商本來生活網邀請許多 80 後名人分享他們的勵志故事，將「勵志」這一情感深深刻入消費者心裡。時下消費者中流行這樣一句話：「我們吃的不是橙子，吃的是勵志精神。」褚橙的包裝、宣傳語以及一些宣傳活動，都非常幽默。本來生活網為一些名人量身定制了「幽默問候箱」，同時針對不同情境設置了標語不同的幽默包裝，幽默而不失溫馨，還起到了精準行銷的效果。

情感因子與社交媒體的結合

  （1）情感因子與購物網站的結合。到了銷售季節，褚橙的網路經銷商本來生活網在其購物網站首頁精心製作了一個褚橙的專題頁面，包含了巧妙整合各種情感要素的 5 個版塊。①褚橙了不起。「了不起」這個標題就讓消費者的崇敬感油然而生。產品圖下配「褚時健種的」這五個字，抓住了消費者對褚時健的敬仰之情。另外，「褚老發布褚橙互聯網銷售的授權聲明」「新平金泰果品有限公司授權聲明」這兩張帶公章的圖片，給消費者一種安全感，並產

生信賴情感。②橙園哀牢山。這一版塊貼出果農們打理橙園的畫面，配有情感化的文字「快樂果農」，並展示了果農的豐厚收入，體現了褚橙對員工的關懷和褚橙帶來的社會效益，抓住了消費者關注人情關懷的情感。③橙王褚時健。這一版塊主要展現了褚橙創始人褚時健的人生經歷，使用了許多極具感染力的詞組，如「傳奇橙王」「沉浮人生」「山居十年」「跌宕人生」等，給消費者展現了一種不言敗、不怕老的勵志精神。正是利用這種特殊的精神情感，抓住有跌宕起伏經歷的消費者，也抓住了努力奮鬥的80後一代人。④直播2013。這一版塊主要呈現了褚橙從原產地採摘到運輸再到入庫至本來生活網倉庫的整個過程，每個環節配有1張主圖和4張配圖，每張主圖旁都標明了具體時間和圖片來源等細節，每張配圖下都配有細膩的文字說明，給消費者一種真實感、安全感以及親切感。另外，這一版塊還展現了褚橙當年進行的一些個性活動以及一些知名創業家對褚時健的致敬，使消費者對褚時健產生一種崇敬之感。⑤橙粉小社區。這一版塊由「尋找中國勵志青年榜樣」「微博熱議」兩個子版塊構成。「尋找中國勵志青年榜樣」展現一些勵志青年的真實故事的視頻，這些視頻不僅能夠激勵更多的人，而且能讓更多有相同經歷的人找到一種群體歸屬感；「微博熱議」展現的是微博用戶對「勵志橙」以及褚時健本人的一些評論。通過這個子版塊，讓消費者瞭解其他人的看法，同時也刺激消費者自己加入評論當中來。正如從聊天中獲取他人想法一樣，既可以發表自己的想法，也可以瞭解他人的想法，從而拉近了消費者與褚橙的關係。

（2）情感因子與視頻網站的結合。本來生活網邀請趙蕊蕊、蔣方舟、黃凱、張博等十位80後勵志人物代表，拍攝了「80後致敬80後」夢想傳承系列視頻，讓他們講述自己的勵志故事，講述自己如何面對曾經的挫折、如何面對事業的轉型，以此致敬褚時健。視頻中他們符合80後價值觀的勵志話語深深地打動了又一代人，這些視頻迅速在網上流傳，褚橙也隨之被更多的年輕人認識。

（3）情感因子與微博傳播的結合。2012年，褚時健的勵志精神的傳播，核心路徑是微博。2012年10月27日，經濟觀察報發表了題為《褚橙進京》的報導。《褚橙進京》中寫了85歲的褚時健汗衫上的泥點、嫁接電商、新農業模式等內容，本來生活網迅速通過微博轉發此報導，引發財經話題，接下來許多業界大佬轉發這條微博。最後王石引用巴頓將軍的話「衡量一個人的成功標誌，不是看他登到頂峰的高度，而是看他跌到低谷的反彈力」在微博上對褚時健致敬，點燃了整個事件。通過微博傳播褚時健勵志精神的人主要是60後、創業者、企業家，因為他們對於褚時健的經歷感同身受，與褚時健心

心相印。2013 年,在延續 2012 年的勵志情感的基礎上,褚橙在行銷中加入了幽默這一情感因子。在預售期內,推出一系列青春版個性化包裝,在包裝上印有「母後,記得留一顆給阿瑪」「雖然您很努力,但您的成功主要靠天賦」「謝謝您,讓我站著把錢掙了」「我很好,您也保重」等幽默溫馨話語。這一舉動又被各大微博轉發,尤其是買到這些個性包裝褚橙的消費者,紛紛拍照上微博。另外,推出個性化定制版的褚橙「幽默問候箱」,贈送給社交媒體上大 V 及各領域達人,包括韓寒、流漣紫等名人。如契合韓寒主辦的一個 APP 的口號,給韓寒只送了一個褚橙,並且在箱子上印著「複雜的世界裡,一個就夠了」,足見其巧妙用心。韓寒將其照片發上微博,引起 300 多萬人次閱讀,轉發評論近 5,000 次。一時間,不管是小老百姓還是知名大 V(如王石、柳傳志、柯藍、六六等),都參與到褚橙的微博互動中來。「褚橙式幽默」在各大微博、網站漫天飛舞,褚橙的知名度也一再飆升。

(4)情感因子與微信傳播的結合。褚橙每年的銷售期只有兩個月。2013 年褚橙的銷售下線已久,仍然有許多消費者在微信上轉發褚時健的勵志故事。一個「讓夢飛揚」的公眾微信帳號發表了一篇題為「他的 31、51、71、85 歲」微文,被無數微信用戶轉發。這篇文章在結束時用了這樣兩句話:「未來的路上,不管遇到多大的困難,請想想這位老人」「有一位老人,他的名字叫褚時健」。簡單樸素的文字,不知勾起了多少人的回憶,也不知鼓舞了多少人前進。

(5)全媒體交叉傳播褚時健老人的勵志精神、本來生活網精心策劃的宣傳活動以及褚橙的幽默式行銷,同時在傳統媒體、門戶網站、社交媒體等全媒體上進行交叉傳播,引起廣大年輕受眾的口碑傳播,整個過程毫不做作,充滿勵志精神、幽默且溫馨,讓廣大受眾情不自禁地愛上褚橙。

資料來源:楊麗華,劉明. 褚橙成功路[J]. 企業管理,2014(4):58-59.

(1)試水社交媒體行銷:風口還是泡沫?

在「褚橙」之類的成功案例的激勵之下,很多企業紛紛投身社交媒體行銷的大潮之中。有的企業在社交網站開設帳號、安排專人管理,也有的企業聘請專業人員或者策劃機構進行系統的行銷推廣。但一段時間過去了,很多企業發現這種行銷方式並沒有達到預期效果。在一陣熱鬧之後,人們很快發現,那些僅憑幾招社交媒體技巧就可以迅速獲取客戶的「好日子」已經一去不復返了。社交媒體也許並不是一種較好的樹立品牌的方式,你完全將自己淹沒在一個亂哄哄的嘈雜環境中,不太可能脫穎而出。行銷人員老愛抱怨傳統媒體中的干擾信息太多,而社交媒體中的干擾信息也很多!同時,建一個企業公眾號很

容易，加個幾十萬粉絲似乎也不難，只要你付得起相應的費用，但是加的這些粉絲們真的是企業的「粉絲」——忠誠顧客麼？

（2）企業運用社交媒體存在的誤區

◆社交媒體無所不能。當前企業行銷傳播模式正在由傳統的單向線性溝通向互動多維溝通轉變。社交媒體的特點是用戶互動性強、參與度高，看起來很符合企業對「好」消費者的期望。但行銷人士們忘了這樣一個事實，這些興致勃勃、樂此不疲的潛在消費者，如果不是衝著你的產品來進行社交媒體互動交流的，那麼在你引起他們的興趣之前，他們和你的企業或產品有什麼關係呢？媒體經常報導某企業利用社交媒體行銷獲得了出乎意料的效果。這就給大眾造成一種印象：似乎只要一「搭上」社交媒體，就可以立馬獲得好的行銷效果。其實，不只是社交媒體，任何一種行銷工具只要運用得當都可能獲得好的行銷效果。只不過因為社交媒體是新興事物，所以它產生的效果就會引起社會的廣泛關注。

◆運用社交媒體的成本低廉。許多人認為，利用社交媒體的成本是很低廉的，不像傳統的「硬廣告」那樣昂貴。當然，如果僅僅只是在社交媒體上開設帳號、發信息等幾乎都是免費的。但是，僅憑這樣的線上活動就能獲得很好的行銷效果嗎？需要線下的宣傳和活動配合麼？何況，對於多數企業而言，由於缺乏社交媒體的運作經驗和必要的團隊，利用社交媒體宣傳推廣的工作其實也往往是委託給外面的專業團隊來運作的，這當然是需要付費的，且其成本也不低，如本書前面提到的「褚橙」的推廣也是委託專業團隊來運作的。社交媒體並沒有「消滅」諸如傳統廣告公司這樣專業的行銷傳播營運者的角色。

◆社交媒體用戶價值高。許多人認為，社交媒體的用戶價值通常較高，如具有較高的學歷和購買力。然而中國互聯網路信息中心（CNNIC）第36次《中國互聯網路發展狀況統計報告》表明：國內互聯網用戶繼續向低端學歷群體滲透。2015年上半年，中國低學歷網民繼續增加，截至2015年6月，整體網民中小學及以下學歷人群的占比為12.4%，較2014年年底上升1.3個百分點。與此同時，大專及以上人群占比下降0.8個百分點，中國網民繼續向低學歷人群擴散。同時，網民的收入分佈結構繼續向兩端擴展。截至2015年6月，網民中月收入在2,001~3,000元、3,001~5,000元的群體占比最高，分別為21.0%和22.4%。通過這些數據我們可以發現，在互聯網中尤其是在使用社交媒體的消費者當中，存在著素質不高和購買力不足的特點，這可能會導致行銷人士在社交媒體行銷的過程中對目標市場的判斷與選擇失誤。換而言之，目前社交媒體中的用戶並不具有多數行銷人士所期望達到的購買力，即便這些用戶

對企業的理念和文化有一定的歸屬感和忠誠度，但由於購買力不足而只能成為潛在消費者，而要把這些潛在的消費者轉化為現實的消費者可能並不容易，要麼需要較長的時間，要麼需要付出高的成本，這就和企業對消費者的要求相差甚遠。同時，由於社交媒體用戶學歷程度偏低和兩極分化的特點，在知識水平、傳播技能和消費習慣等方面存在較大的差異，這也給利用社交媒體進行行銷帶來了困難。

◆大數據管理是一件容易的事情。互聯網海量的用戶數據難以維護是很多企業使用社交媒體時面臨的一大瓶頸。社交媒體最大的優勢之一就是搭建了企業與消費者溝通的平臺，但同時帶來的問題是如何維護和管理這些海量的用戶數據，於是大數據的維護和管理就成為社交媒體行銷繞不過去的一個門檻。目前雖然雲計算和雲數據管理正在日漸成熟，但管理社交媒體的大數據絕非易事，它需要耗費企業大量的資源和時間。從短期來講，社交媒體的行銷效果僅體現在用戶發帖的數量和質量、關注人數、評價、參與度等方面，對企業的銷售並沒有產生顯著的促進作用；而長期的大數據管理則要關注該平臺是否能幫助公司和用戶更好地溝通、更好地服務以及是否能幫助公司實現整體業務目標等方面，這就需要投入足夠的資源來保障市場信息反饋和與用戶之間的及時互動溝通。總而言之，對企業而言，如何在社交媒體中儲存、管理和利用好用戶的大數據信息是一個難題，也不是一件容易的事情。

社交媒體行銷的失敗案例

2006年雪佛蘭為了推廣其新車型Tahoe越野車，特意發動了一場社交媒體行銷，號召網民為該車型設計廣告。社交媒體用戶們確實如雪佛蘭所期待的那樣，熱烈響應、紛紛參與，但其中也包括一股雪佛蘭未曾預料到的勢力——那些討厭越野車的網民。這些網民和雪佛蘭唱著反調，在廣告中對越野車大肆譏諷，而雪佛蘭的這場社交媒體行銷自然以失敗告終。

2012年1月，麥當勞重蹈雪佛蘭的覆轍，自導了一場類似的行銷悲劇。當時麥當勞在Twitter上發起了一場名為McStories的活動，號召網民寫下自己的麥當勞故事，意在通過收集的故事來體現麥當勞的受歡迎程度。但是和雪佛蘭一樣，麥當勞忘記了那些對麥當勞毫無好感的人群的存在。這些人寫下的負面故事讓麥當勞的這場行銷狼狽退場。

2012年2月，可口可樂經歷了和麥當勞同樣的境地，唯一的不同是可口可樂選擇的行銷場所是Facebook。

社交媒體是一種新興的行銷平臺，但用之不當往往自傷。社交媒體帶來了

公眾的普遍參與，而眾人參與則意味著什麼事情都有可能發生。麥當勞、可口可樂和雪佛蘭之所以失敗，都是因為忘記了這一點。

資料來源：網易汽車編譯。

總之，社交媒體是一個很好的可供企業利用的行銷工具，但它並沒有想像中那麼神奇。對企業尤其是中小企業來說，不要指望有一個平臺或者一種行銷工具可以取得一日千里的效果。行銷不是趕時髦，最終目的是與你的消費者之間建立良好的溝通，只不過社交媒體恰好可以較好地實現這一點。那麼到底什麼是社交媒體行銷呢？

（三）社交媒體行銷的內涵

隨著互聯網尤其是移動互聯網的快速興起，媒介不再只是單一的消費品，社交媒體向人們打開了一道自由分享信息與創造信息的大門，消費者本身成為最有公信力的媒體，他們遷移至社交媒體平臺，獲取品牌信息，參與品牌活動，表達對品牌喜好或投訴對品牌的不滿。同時，許多基於移動互聯網、物聯網和雲計算的新應用、新產業和新服務正在不斷湧現，品牌更加容易結合地理位置提供服務，激發消費者的購買行為，為品牌創造更多銷售機會。

以上種種現象都發出了一個明顯的信號：互聯網時代的行銷思路需要變革，行銷的內核也將隨著行銷思路的變革而改變。技術和行銷早已不是商業競爭的最大瓶頸，互聯網與生俱來的破壞性創造力，已經開始向價值創造環節進行滲透，對產品生產銷售乃至整個行銷模式進行顛覆。行銷思路需要從以下幾個角度進行變革。其一，傳統商業盈利模式以依賴信息不對稱為主，傳統行銷以產品思維為主導，而互聯網讓信息趨於透明化，由此導致傳統商業賴以生存的信息不對稱模式被打破，基於信息不對稱的傳統行銷效果會變得越來越差。其二，隨著產品的高度同質化，比傳統廣告傳播更為重要的是用戶體驗，這已經成為行銷成敗與否的決定性因素。消費者對每款新產品的使用，都意味著價值的產生，極致的產品體驗會激發消費者的分享熱情。他們會利用社交媒體為品牌創造口碑傳播，甚至會讓品牌成為一個個社會的熱點話題。其三，對於品牌而言，消費者需要的不只是產品而是生活方式社群。

1. 社交媒體行銷的概念

目前關於社交媒體行銷尚未有一個公認的定義。筆者認為：社交媒體行銷

是指依託各種社群，通過社交媒體平臺進行行銷傳播的活動。這裡所指的社交媒體平臺主要包括社交網站、微博、微信、在線社區、博客、視頻網站等 Web 2.0 交互式平臺。

2. 社交媒體行銷的特徵

與傳統行銷相比，社交媒體行銷主要具備以下三大特徵：

◆社群是核心。社交媒體行銷的核心是建立或連接一些由共同興趣愛好或共同價值觀而聚集一起的消費社群，植入產品或品牌，打造一些基於提供線上、線下服務，建立歸屬感和黏性的品牌體驗社區。

◆數據為驅動。社交媒體時代，社交媒體行銷的重要驅動力之一就是數據驅動。社交媒體行銷的發展依託的互聯網和社群，都是由海量數據構成的，大數據正在把追蹤監測並滿足消費者個體的興趣和需求變成現實。尋找品牌的目標消費者，就必須對海量的互聯網用戶及行為特徵進行實時和準確的分析，以此來掌握目標消費者的數據。瞭解消費者的需求和沉澱消費者的數據，從媒介思維向數據思維轉型，已經成為企業應用大數據的重要標誌。社交媒體時代，誰掌握和運用好了用戶大數據，誰就可能在這個時代當中搶得先機。

◆多維服務體系。社交媒體行銷的另一個核心要素，便是建立面向社群主體的多維服務體系，通過線上、線下的各種服務來無縫連接和黏住消費者，在獲得銷售產出和利潤的同時最大限度地獲取用戶的忠誠度。

小案例：耐克案例的大數據行銷

2006 年年底，耐克（NIKE）公司推出了 Nike+ 概念，通過網站、論壇的形式增加人們之間的溝通與鍛煉數據的分享（甚至支持陌生人之間的數據分享），這樣的互動性無疑讓跑步鍛煉成了一件非常有興趣、有挑戰的事情。而 Nike+ 的理念也被 NIKE 公司一直延續至今，並且其也獲得了很多用戶的好評。隨後蘋果推出的 iPod touch 和 iPhone 中都集成了芯片感應器，用戶只需要單獨購買放在跑鞋裡的芯片就可以了。接著 NIKE 公司發布了 Nike+Runing 跑步軟件。在發布之初其僅有 iOS 平臺，而且是收費的，目前它已經登錄 Android 平臺，且與 iOS 平臺一樣都屬於免費 APP。

NIKE 公司最大的優勢就是能充分地將運動 APP 與自家的跑鞋產品充分結合起來，而這結合的橋樑就是各自的芯片。將該芯片放置在跑鞋鞋底的凹槽中，就可以將跑鞋與手機連接起來了。

Nike+ Running 強調社交和分享。跑步是非常枯燥無味的鍛煉方式，這就

需要跑步愛好者互相之間的鼓勵以及競爭，這會讓跑步變成有目標、有競爭的事情。通過愛好者之間的相互交流可以達到共同鍛煉、鼓勵對方的目的，就會讓人們長時間堅持長跑，而不會半途而廢。Nike+ Running 則除了自己的 ID 之外，用戶還可以使用 QQ 空間和新浪微博的帳號來登錄，可以讓人們通過 QQ 或新浪微博來與更多的朋友分享自己的跑步鍛煉成果，並可以邀請更多的朋友與自己一起鍛煉。在完成一次鍛煉後，通過 Nike+ Running 還可以查詢自己的成績，它甚至還標註了跑步的距離、用時、平均速度、跑步路線、消耗的卡路里能量等。

除了 APP 以外，NIKE 公司還通過網站來為廣大鍛煉愛好者提供在線服務。在耐克網站中登錄用戶自己的 ID 後，同樣可以查詢自己之前的鍛煉計劃和成果。耐克網站還能幫助跑步者制訂訓練計劃並分享訓練結果，用戶也能通過耐克網站向跑友們的目標發起挑戰，以此與世界各地的跑友建立網路社群。迄今為止，耐克網站的用戶已經超過 600 萬，成為全球最大的網上運動社區。耐克還在倫敦、巴黎、柏林、米蘭、巴塞羅那、阿姆斯特丹等座城市，推出 NIKE True City 的手機 APP，向用戶提供餐飲、音樂、運動等生活資訊服務，當然用戶也能通過手機 APP 找到耐克專賣店。大量線上、線下相結合的服務，都為打造耐克品牌社群匯聚用戶數據創造了條件，而用戶自發傳回的海量數據，則是耐克公司鞏固競爭優勢的一大利器。

資料來源：王佳煒，李亦寧. 社會化媒體時代品牌社群行銷的核心邏輯 [J]. 當代傳播，2015（4）：93-95.

第二章　社交媒體行銷原理

（一）社群行銷觀念的興起

1. 行銷觀念主線的變遷

自20世紀以來，行銷觀念先後經歷了生產觀念、產品觀念、推銷觀念、行銷觀念和社會行銷觀念的變遷。這些行銷觀念的變遷主要有兩條主線：一是行銷中心的轉變——從生產經營者轉移到消費者。例如，生產觀念、產品觀念和推銷觀念均是以生產經營者為中心，而行銷觀念及其之後的社會行銷觀念等則是以消費者為中心。二是行銷關注範圍的轉變——從僅僅關心生產經營和消費者擴大到關注諸多利益相關者，到關注整個社會的協調和持續發展，如從其他行銷觀念轉變到社會行銷觀念。近年來，隨著社會的發展，國內乃至全球消費者的需求不再是「鐵板一塊」，個性化和碎片化正逐步成為市場需求的主旋律。科技的快速發展，尤其是在生產和通信技術方面的突破，如柔性生產和互聯網技術的發展，使得滿足形形色色的消費者個性化和碎片化的需求成為可能，且在諸多行業已成為現實。社交媒體的興起，使得消費者之間以及消費者和行銷者之間的聯繫變得越來越緊密。為了一個共同的觀念，諸多消費者走到了一起，消費者和行銷者走到了一起來，產品或服務只不過是這個「共同觀念」的載體，當然也是他們之間的一個聯繫紐帶。於是，他們之間逐漸就形成了一個「社群」，由此誕生了「社群行銷」。此次行銷觀念的變遷主線就是「小」（過去的行銷著眼於「大」，行銷者恨不得能滿足全社會所有消費者的需求），其行銷觀念即為「社群行銷觀念」。

2.「社群」生活方式

社群即社會群體，它是一個社會學概念，是指由兩個或者兩個以上的具有

共同認同感的人所組成的人的集合，群體內的成員相互作用和影響，共享著特定的目標和期望。在互聯網時代的大背景下，持續關注自媒體內容的用戶即可視為加入了該自媒體的社群。如此一來，社群的內涵就非常廣泛。只要是因為相同的興趣愛好、特質需求、相關屬性等原因聚集起來的群體或組織都是社群。那麼在這樣的社群當中，人與人、人與組織之間的關係是怎樣的？他們之間又是如何發生聯繫和施加影響的呢？為了回答這些問題，讓我們先來看看「社群」的理論淵源。

(1)「社群」的理論淵源

與本書所提的「社群」密切相關的理論主要有以下幾類：社會網理論、六度分割理論和社會認同理論。

①社會網理論。

◆網路結構觀——哈里森·懷特、馬克·格拉諾維特和林南等是網路結構觀的主要貢獻者。網路結構觀就是把人與人、組織與組織之間的紐帶關係看成一種客觀存在的社會結構，分析這些紐帶關係對人或組織的影響。網路結構觀認為，任何主體（人或組織）與其他主體的關係都會對主體的行為產生影響。網路結構觀從個體與其他個體的關係（諸如親戚、朋友或熟人等）來認識個體在社會中的位置，將個體按其社會關係分成不同的網路，分析人們的社會關係面、社會行為的嵌入性，關注人們對社會資源的攝取能力，指出了人們在其社會網路中是否處於中心位置，其網路資源多寡、優劣的重要意義。顯然，互聯網和社交媒介上的形形色色的各種「社群」——××群、××朋友圈等均構成了一個個複雜網路結構。

◆弱關係力量假設——1973年，格拉諾維特在《美國社會學雜誌》上發表了「弱關係的力量」一文，提出了重要的「弱關係假設」理論。格拉諾維特認為，人與人、組織與組織之間由於交流和接觸而存在著一種紐帶聯繫，這種關係不同於傳統社會學分析中使用的人們屬性和類別特徵的抽象關係（如背景關係、階層關係）不同。他首次提出了關係的強弱之分，認為強弱關係在人與人、組織與組織、個體和社會系統之間發揮著不同的作用。強關係維繫著群體、組織內部的關係，弱關係在群體、組織之間建立了紐帶聯繫。在關係強弱之分的基礎上，格拉諾維特提出了「弱關係充當信息橋」的判斷。根據他的觀點，強關係是在年齡、教育程度、職業身分、收入水平、社會背景等社會經濟特徵相似的個體之間發展起來的，而弱關係則是在社會經濟特徵不同的個體之間發展起來的。因為群體內部相似度較高的個體所瞭解的事物、事件經常是相同的，所以通過強關係獲得的信息往往重複性很高，而弱關係是在群體

之間發生的。弱關係的分佈範圍較廣，比強關係更能充當跨越社會界限、獲得關鍵信息和資源的橋樑。格拉諾維特通過對美國求職過程的研究發現，弱關係在求職過程中的使用比強關係更有優勢，雖然所有的弱關係不一定都能先當信息橋，但能夠充當信息橋的必定是弱關係。弱關係充當信息橋的判斷，是格拉諾維特提出「弱關係的力量」的核心依據。信息在網路上的傳播速度往往是驚人的，一夜之間你發現在某個群裡面的信息就有可能會傳遍全國甚至更廣。其原因就在於有人在不斷地轉發，最終形成「滾雪球」之勢。這就要歸功於格拉諾維特所說的「弱關係」，大量轉發的人其實並不認識你，和你也不在同一個「社群」，他們其實和你是「弱關係」。

◆嵌入性概念——繼「弱關係」理論之後，格拉諾維特又提出了嵌入性概念。他認為，嵌入是經濟的社會嵌入，包括經濟活動在社會網路、文化、政治和宗教中的嵌入。經濟交換往往發生於相識者之間，而不是發生於完全陌生的人之間。相比弱關係假設，嵌入性概念強調的是信任而不是信息，而信任依賴於交易雙方長期的接觸、交流和瞭解。實際上，嵌入性概念隱含了強關係的重要性。近兩年來，「微商」的流行即是明證，「微商」正是從做微信朋友圈開始的，即所謂「殺熟」，他們憑藉的正是「強關係」。

◆結構洞理論。社會學家羅納德·伯特（Ronald Burt）在《結構洞》一書中提出了結構洞理論，即指兩個關係人之間的非重複關係。結構洞是一個緩衝器，相當於電線線路中的絕緣器。其結果是，彼此之間存在結構洞的兩個關係人向網路貢獻的利益是可累加的而非重疊的。伯特將我們的社交網路中的對象分為兩種：一種是重複關係人，即你和其他人都認識的人；另一種是非重複關係人，即你不認識而其他人認識的人。如果存在第二種現象，則這個社交網路就是「有洞」的結構。正是憑藉這個「有洞」的結構，社交媒體上各個分散的「社群」之間才得以「連接」起來，產生相互交流和溝通。

②六度分割理論。1967年，哈佛大學的心理學教授斯坦利·米爾格拉姆（1933—1984）創立了六度分割理論。簡單地說：「你和任何一個陌生人之間所間隔的人不會超過六個，也就是說，最多通過六個人你就能夠認識任何一個陌生人。」按照六度分割理論，在社交媒體上，每個個體的社交圈——微信朋友圈、QQ群等都不斷放大，最後成為一個大型網路。

③社會認同理論。社會認同理論是由塔杰菲爾等人在20世紀70年代提出的，後經由特納進一步發展並完善。塔杰菲爾將社會認同理論定義為：「個體認識到他所屬的社會群體並且意識到群體成員給他帶來的情感和價值意義。」社會認同理論認為個體通過社會分類，對自己的群體產生認同，並通過積極的

行動來實現和維持社會認同並提高自尊，而個體的自尊則來自內外群體的有利比較。社會認同理論包括三個重要組成要素：社會分類、社會比較和積極區分原則。塔杰菲爾認為個體通常會將自己或他人進行分類，將自身定位於某一群體，並將自己所屬群體與其他群體進行比較以及歧視其他群體。為了證明自身所屬的群體是最好的，群體成員會通過認同一些共同的象徵符號（如品牌）來使自己產生自豪感。社會認同理論能夠幫助我們瞭解群體內的動態心理因素以及不同虛擬群體之間的衝突和歧視。

（2）社交媒體的「社群」特點

以上幾種有關「社群」的理論基本上解釋了社交媒體上各種「社群」的發生和相互作用機理，但互聯網上尤其是社交媒體上的「社群」畢竟和線下的社群有所區別，數字化社群正在蓬勃發展。數字化社群是基於網路空間的獨特的社會組織形式，雖處於網路虛擬空間中，但它所塑造的社群關係卻是真實的。在促進社會團結方面，數字化社群擁有同線下社群同樣的功能。但基於社交媒體的數字化社群也有著自己的獨特之處，如「再混合」。

● 再混合。再混合是互聯網文化的重要成分。在數字化時代，音樂、文本和圖像都容易從一個數字設備轉移到另一個設備，上傳到互聯網上也很容易，其內容組成消除了消費者和生產者鴻溝，即為一種再混合。與傳統媒體的「把關人」文化不同，消費者如果對現有內容不滿，就可以以生產者的產品為基礎進行再創造，這也是一種再混合。

● 數字化。改革開放以來，中國社會由熟人社會逐步過渡到陌生人社會，社會流動性增大，多數的社會交往行為發生在素昧平生的陌生人之間。守望相助的熟人社會規則逐步轉向冷漠防備的陌生人社會規則。互聯網的興起，數字化社群的蓬勃發展又逐步改變了陌生人化的社會形態。數字化社群是基於網路空間的獨特的社會組織形式建立起來的，雖處於網路虛擬空間，但其所塑造的社群關係卻是真實的。同傳統的線下社群一樣，數字化社群同樣能夠促進人們之間的交往，其中最典型的是「私密社群」的出現和興起。

● 私密社群。私密社群是基於 SNS 社交網路條件下形成的網路群體，它是以互聯網尤其是移動互聯為基礎，以虛擬空間為主要空間，以成員的親密程度和熟悉程度為標尺，強調以私密性為主，由一定數量限定的網路人形成的一種相互關聯、相互影響的社會群體。简而言之，私密社群就是指以在 SNS 社交平臺上形成以某一人為中心的關係近、聯繫緊、私密性強、影響大的一種特殊的社會關係。在私密社群裡，我們無需防範、無需害怕，我們以自然、舒適的狀態，直接、簡單地與親近的朋友、家人溝通聯繫。

私密社交網路與傳統社交網站的理念和特點有著巨大的差異。私密社交不再以海量的用戶來標榜其成功，不再以無限擴大社交圈子來籠絡人心，不再追隨社會主流。私密社交網路滿足了有私密交往需求的小眾客戶，對好友的數量有了限定（如 Path 早期只限定了 50 個好友數量），對好友的加入有了要求，與好友的關係有了更高標準，追求的是一種更親密、更私人的關係。如果說以 Facebook 模式的傳統社交網路把我們的社交變成「公地」，那麼以 Path 模式的私密社交網路則是讓我們重新回到「私宅」。無論是國外的 Path 還是國內的美刻都有著對私密社交和私人化的關係鏈構架，這是後 SNS 時代的社交對傳統社交的顛覆與重構。私密社群主要具有以下幾個特點：

　　◆私密性。私密社群不以互動為目的，不追求片面的轉發和評論的數量。比如，我們想秀一秀早上起床的生活照片這種具有私密性的事情，那麼我們就僅僅希望和某一特定群體的人來分享，讓這一小部分人知道，我們想要的僅僅是簡單地表達和舒適、自然地溝通。由於私密社群中對交流內容的私密要求較高，所以不需要太多的好友知道，只希望少數人知曉而已，所以由此帶來對好友的私密要求比較高。在該私密群體裡，好友往往是自己最親近的家人、最好的朋友、最好的同學和同事等。在社群當中，這些好友甚至知道自己家的地址等私密的信息；我可以在社群中共享自己的生活照片，而不必擔心被洩露出去。朋友關係與交流內容的私密性，構成了私密社群最顯著的特點。

　　◆個性化。世界上沒有兩個完全相同的人，每一個人都具有自己的個性特徵。這種個性特質通過我們的言語、情感和行為呈現出來。私密社群中大多是私密需求比較強的成員，他們注重個人隱密，不喜歡將私人語言變成公眾話題，不喜歡將個人心理展現在大眾面前。私密社群成員往往追求個性化的語言、行為及情感方式，他們不喜歡跟隨大眾和隨波逐流，說話做事通常帶有鮮明的個性化傾向。

　　◆選擇性。私密社交網路中對私密的要求比較高，主要表現為交流對象和交流內容的選擇性。私密社群成員不願意隨意向他人透露自己的信息，表達自己的感想、內心和觀點。私密社群成員的對象具有特定性，成員的加入需要甄別和篩選，有時甚至是特定的對象，比如 Next Door 形成的社群則是選擇的同一社區的鄰居，Betwee 平臺上的社群則是以情侶兩人的私密世界為主要對象，而 Pair 中的社群則是以異地戀情為對象。社群中成員的傾訴、表達和發泄都有特定的對象，該對象需要成員雙方的共同選擇。若把博客、微博比作一個「客廳」，那麼私密社群則更像一個「臥室」。私密社群中的成員不可能將只能在臥室講的東西拿到客廳來講。故而這樣的私密社群限制了其很強的選擇性。

◆隨意性。私密社群中的成員通常都是隨意地參與到社群當中，無論其態度是積極的還是消極的。他們參與某一次主題、某一次閒聊或某一次活動，都是自由和隨意的。此外，私密社群也同樣注重分享，樂於向熟悉的人分享某一內容或者某一瞬間。例如，Path 有一句頗有詩意的廣告語：幫助你與所愛的人分享人生。你可以把零碎的想法和情緒、你正在聽的音樂、你所處的位置，甚至你起床和睡覺的時間分享給好友。而美刻「與你的朋友，分享美好時刻」的理念，註解了私密社群的分享性。在美刻平臺中，我們可以創建包括照片、文字、簽到、看電影、看書、吃飯、購物等各種私人生活活動，並且這些信息可以通過手機獨有的信息推送功能與你的朋友一起分享生活的點滴瞬間。

案例：私密社群 Path——拒絕海量好友

Path 於 2010 年 11 月上線，有超過 200 萬的註冊用戶。Path 公司的口號為「Path 助你輕鬆與友人分享人生」。其服務內容包括基於有限用戶關係的信息分享、傳播平臺，註冊用戶利用（移動）互聯網及客戶端設定的有限好友（上限為 150 人），以多種媒體方式記錄和分享信息。目前，Path 已經推出 iPhone 和 Android 客戶端。

Path 軟件由國外開發商 Path 完成。Path 公司此前的主要業務就是營運一個私密的照片共享網路，因此 Path 的誕生也秉承了公司的一貫理念——私密。該軟件的設計理念是希望提供給用戶一款在密友之間進行照片、心情、地址等信息分享的手機應用，用戶無法在其中搜索到海量的好友，只能通過手機聯繫人或者 Facebook 聯繫人進行挑選，而且好友數量也被限制在 150 人內。Path 的邏輯是，社交網路裡的大部分好友只是網友，只有少部分甚至極少部分人進入我們真正的生活，「好友」們和你的關係遠近與對你的價值程度是不同的。Path 從一開始就意識到這個問題，並且提供瞭解決方案：你的社交網路裡最多只能有 150 人，並且和他們分享自己真實的點點滴滴的生活。基於此而建立的社交網路活躍度、黏性以及用戶之間的互動無疑會大大提高。

Dave Morin 是 Path 的 CEO 和聯合創始人，他還是許多初創公司的投資人和顧問。在創立 Path 之前，他參與了 Facebook Connect 平臺的發布。有人說正是因為在 Facebook 工作過的背景，使得 Dave Morin 更清楚 Facebook 的弊端，從而有可能再造一個完全不同的社交網路。Path 稱自己為「私人網路」，用戶最多只能設置 150 個朋友，基於電子郵件地址和電話號碼（而不是用戶的公共數據庫）分享照片，具有較強的私密性，可以減輕用戶對與陌生人分享照片的擔心。與其他流行社交網站和應用不同的是，甚至可以說是背道而馳的是：

Path 沒有「關注」和「朋友」系統,與人們在 Facebook Connect 平臺上的體驗大不相同。新發布的 Path2 更為精細,除了記錄照片和視頻外,它還提供記錄用戶的想法,用戶聽過的音樂、去過的地方、遇到的人以及作息時間等功能,你可以記載自己一天裡的每個瞬間。在這方面,Path 比 Facebook 更加深入、更加細緻。

3. 社群行銷觀念

對於消費者而言,社群行銷的價值在於能夠幫助他們提升自我認知,尋找群體歸屬感。人類社會是一個群體社會,社交媒體也正是由於能夠滿足人們之間的交互需求而受到歡迎。在群體生活中,人類擁有著自我認知、自我實現和尋找群體歸屬感的需求。人類在社交媒體中的信息接觸行為和媒介使用行為都可被視為一個自我認知和實現的過程,通過在個人平臺上發布的信息展示個人的興趣愛好及其他關注點,進而吸引擁有相同價值觀念人群的注意。社交媒體憑藉廣度傳播和深度互動,使得具有相同價值觀念的人們能夠集聚到一起,從而形成相互支持的關係網路,個體之間或個體與群體之間的共鳴和交互能夠滿足用戶的情感需求,激發其傳播意願。

(1) 社群行銷中的常見「社群」類型

社群行銷中常見的「社群」類型主要有四大類:產品社群、品牌社群、虛擬品牌社群和消費社群。本書所指的社群行銷裡的「社群」主要指的是消費社群。為方便起見,其後簡稱社群。

①產品社群。社交媒體的產生和普及大大降低了人們的聚集成本,使人們可輕鬆地擺脫空間限制,實現廣泛地域的聚集和交流溝通。如果一個產品除了具有自己的「個人化魅力」外還會吸引粉絲,圍繞產品而聚集起來的粉絲就構建了一種社群,即產品社群。在產品社群當中,產品的性質已經發生了變化,成了連接社群成員的仲介,由過去承載的產品具體功能變成了現在承載的興趣和情感。在社交媒體時代,產品本身就可以承擔起傳統行銷當中廣告的任務,為自己「代言」,形成信息和情感的交流。社群化正在成為社交媒體時代企業賴以生存的重要模式。

②品牌社群。品牌社群最早是由美國學者 Muniz 和 O'Guinn 於 2001 年提出的,並將其定義為基於品牌愛好者之間的社會關係而形成的跨越地理限制的專有的社會群體。Muniz 和 O'Guinn(2001)通過觀察 Ford Bronco、Macintosh、Saab 三大社群後正式提出了「品牌社群」概念,認為品牌社群是一個特殊的、非地理意義上的消費者群體。它建立在使用某一品牌的消費者所形成的一整套

社會關係之上，並表現出傳統社區的三個標誌：共享意識、儀式和傳統、道德責任感。品牌社群有利於消費者自我建構和自我表達，以強化或改變形象識別，進而促進其品牌忠誠（Wattsetal，2007）。有研究表明，品牌社群會影響成員的感知和行為，提高成員的參與和協作意識，培養高度忠誠的顧客（Muniz & Schau，2005）；同時，品牌社群建立了品牌與消費者的關係網路，促進消費者對該品牌的消費（Ahonen & Moore，2005）。因此，創建品牌社群已經成為許多企業維繫品牌與顧客關係、培育品牌忠誠、提升品牌資產的主要策略（Aaker，1998）。

③虛擬品牌社群。虛擬品牌社群通常也叫虛擬社群，它其實也屬於品牌社群的一種，且由於它和傳統基於線下的品牌社群又有所區別，故本書把它獨立出來分析。虛擬品牌社群最早是1993年由Rheingold提出的。他認為虛擬社群是以網路為載體的社會群體，當足夠多的具有共同意識的人們在網上進行長期的信息分享、情感交流等活動，並形成一定的在線人際關係時，虛擬品牌社群就誕生了。和實體品牌社群相比，虛擬品牌社群的成員也能夠進行信息分享和情感交流，而且現在越來越多的虛擬品牌社群也在開展O2O，頻繁組織線下活動，使得實體與虛擬品牌社群具有融合的趨勢。

④消費社群。顧名思義，消費社群指的是消費者由於共同的興趣或價值觀而聚集形成的社群。此處所講的消費社群區別於傳統的產品或品牌社群的地方主要有兩個方面：一是傳統的產品或品牌社群的核心是產品或品牌，而消費社群的核心是興趣或價值觀；二是傳統的產品或品牌社群的建立通常是先有產品或品牌後有社群，而消費社群則剛好相反，通常是先有社群後有產品或品牌。當然，消費社群與傳統的產品或品牌社群也有共同點。我們都是站在企業或行銷者的角度來觀察這些社群，尋找並發掘其中的行銷價值。從某種意義上來講，消費社群包含的範圍更廣，它甚至可以把傳統的產品或品牌社群包含進來。換而言之，傳統的產品或品牌社群是消費社群的一種特例。

（2）社群行銷觀念的關鍵詞

①社群意識。較早研究社群意識的是品牌社群領域。Blanchard和Markus認為社群意識是虛擬品牌社群的一個重要特徵，而國內學者薛海波認為社群意識的產生是品牌社群形成的標誌。McMillan和Chavis將社群意識的特徵歸納為如下幾點：一是對社群產生歸屬感和認同感；二是感知與社群產生互相影響；三是感知社群成員互相支持；四是人際關係感知，並與其他成員分享歷史，同時具有社群精神。Muniz和O'Guinn則認為品牌依戀是形成品牌社群的重要基礎。Blanchard和Markus認為社群意識是虛擬品牌社群的一個重要特徵，而中

國學者薛海波認為社群意識的產生是品牌社群形成的標誌。「成員交互→成員關係→社群價值→社群關係」是在線品牌社群中關係形成的基本邏輯，而成員關係也會反過來影響成員交互；此外，成員交互還會直接影響社群價值和社群關係。另外，與社群意識密切相關的還有一個概念叫做「社群依戀」，即「消費者與品牌之間的一種富有情感的獨特紐帶關係」，該定義包含情感、熱愛、聯結三個維度。Park 等人從消費者的自我概念和品牌之間的關係來進行定義，他們認為品牌依戀包含兩個層面：一是品牌和消費者自我之間的關係；二是品牌和消費者認知與情感的聯結紐帶。品牌利益使得消費者與品牌聯結在利益維度上，品牌給予消費者越多的利益，消費者將會產生更多的品牌依戀。積極的品牌體驗使得消費者產生心理愉悅感，與品牌和其他消費者產生情感聯結。這種聯結由弱變強，從而發展成為強烈的品牌依戀。

借鑑品牌社群裡的社群意識和社群依戀的概念，筆者以為，消費社群意識主要指的是社群成員基於共同的興趣或價值觀層面的共識而形成的一種對社群的認同感、依戀感和歸屬感。

②消費體驗。消費體驗是指消費者在使用該品牌的產品或服務的過程中所產生的主觀的、內部的感受，它是由刺激物與消費者心理狀態之間互動的結果。而消費者體驗是依託消費者的主觀判斷，因此就會產生積極的消費體驗和消極的消費體驗兩種。本書主要探討積極的消費體驗對形成消費社群的影響。消費者在與品牌以及其他消費者互動活動中會產生各種不同的體驗。Schmitt 於 1999 年提出了戰略體驗模塊的概念來闡述不同的消費體驗。他認為消費者體驗主要包括行動體驗、關聯體驗、感知體驗、情感體驗和思考體驗。Brakus 等學者認為，消費者對品牌的體驗主要包括感知體驗、行為體驗、情感體驗和智力體驗四個維度。

筆者認為，此處基於社群的消費體驗主要指的是情感體驗，即社群成員在與品牌或他人互動過程中所感知的情感方面的體驗。

③互動交流。當前的消費者不僅注重產品的功能，而且更加注重產品的一些無形的或情感性的東西，如產品品牌的象徵意義。品牌的象徵意義是指消費者根據個人的價值取向，對品牌產生的一種主觀感受。國內學者侯歷華通過對品牌的象徵意義的相關理論進行梳理，認為品牌的象徵意義主要體現在消費者個體自我特徵和社會自我特徵的表達上。其中：消費者個體自我特徵主要是指消費者的個人識別，而社會自我特徵則體現在社會識別上（侯歷華，2007）。為了研究品牌的象徵意義是如何形成的，國內外學者提出了各種不同的理論模型，其中最著名的有互動模型。互動模型是由 Grubb 和 Grathwohl 提出來的。

他們認為消費者在購買和消費產品的過程中，可以通過內動和互動的過程來進行自我提升。內動過程是指消費者將產品品牌中所具有的象徵意義轉移到自身的過程。互動過程是指消費者與「觀眾」（其他個體）進行互動交流，並通過「觀眾」對自己的積極評價來完成自我提升。互動模型認為個體層面的品牌象徵意義必須通過與他人進行互動，才能上升為社會層面的象徵意義，也才能夠幫助消費者進行社會識別以及社會地位的定位。

顯然，該互動模型原理也適用於本書所提出的消費社群。

案例：品牌社群行銷——MINI 城市微旅行輸入法皮膚 & 壁紙設計大賽

行銷背景

在繁忙的工作中，不讓假期牽絆自己的步調。在居住的城市，選定若干絕佳去處，展開長則數天、短則半日的旅程。期盼意外發現那些朝夕相處的城市不為人知的美。最快意事，莫過於像 MINI PACEMAN 一樣有意思、有格調、有脾氣的旅伴。MINI 將這種行走方式、這種發現的概念稱為「城市微旅行」。這種懂得享受生活美好的用戶，恰恰是 MINI PACEMAN 的核心目標人群。伴隨著 MINI PACEMAN 車型全新上市，MINI 將車型推廣與融入步調引領者的城市微旅行活動，以及新車的理念在網路上最大化發聲，讓更多人認識並認同 PACEMAN 車型。

行銷目標

借助搜狗強大的用戶規模覆蓋和使用人群與 MINI PACEMAN 的高度匹配，實現用戶的積極參與互動。

行銷策略

強大的用戶規模：MINI 選擇與搜狗合作，主要建立在搜狗強大的用戶規模的基礎上，搜狗輸入法用戶超過 4 億，搜狗壁紙用戶超過 1 億，每天活躍用戶分別超過 1.09 億，憑藉這些活躍用戶在他們每天必經的瀏覽渠道中覆蓋，在用戶打字的過程中和使用電腦桌面時全程行銷，最大限度地傳播微旅行主題與活動信息。

精準的用戶定位：從 MINI 的定位、市場狀況及搜狗汽車行業投放等多方面共同研討得出，喜歡個性化輸入法皮膚、電腦手機壁紙的用戶，往往更重視生活品位和格調，滿足 MINI PACEMAN 的定位。MINI 新車與搜狗人群均為年輕、活躍人群，他們偏好互動、新穎的方式，厭惡硬性的推送，視覺影響占據他們行銷體驗的重點。所以，最終確定了以微旅行為主題的輸入法皮膚、壁紙設計大賽，以用戶設計的作品來影響更多用戶。

創新的行銷方式：調動搜狗已經累積的大量設計師資源，以他們的參與設計大賽，喚來更多優質作品。在大賽結束的同時，上線第二階段，利用廣告位推送優質作品，吸引更多的用戶點擊下載皮膚及壁紙。

搜狗輸入法的另一資源新詞彈窗本身具有新鮮信息整合的平臺作用，將此次賽事作為新鮮事告知，不僅不會引起反感，反而容易調動更多興趣。

創意溝通

舉辦以新車皮膚壁紙為核心思想的設計大賽，以視覺衝擊傳遞 MINI 品牌內涵。

搜狗以 MINI 新車設計大賽為契機，開闢了一個先河。設計師參與設計搜狗的輸入法皮膚、壁紙，不但能夠尊享萬千網民的膜拜，更能通過優秀的設計贏得各類精美禮品和獎金。

以往的展示廣告，往往比拼的是廣告展現的位置和機會。搜狗則切入另一個全新領域，以大家每天使用的輸入法皮膚以及電腦手機桌面為原點，構建了一套全新的廣告體系——當用戶對圖片產生濃厚興趣後，可以點擊下載皮膚或桌面壁紙，客戶廣告將會很長時間駐留在用戶打字和開機瀏覽時，將廣告時間無限延長。

對於不少網民來說，已經厭倦被各種廣告信息轟炸，搜狗設計大賽的獨特創意，讓產品圖片以高端、大氣、上檔次的格調進入消費者視野。

搜狗輸入法皮膚、壁紙設計大賽的核心價值在於易複製，對於以品牌、產品展現為主的用戶，都具有推廣價值！

執行過程/媒體表現

第一步，借助輸入法皮膚、壁紙設計大賽，以輸入法皮膚及壁紙為主載平臺，利用搜狗累積的大量設計師參與互動，設計出優秀作品。

第二步，多樣推送設計作品，讓網友點擊下載實現品牌曝光。

第三步，下載後的作品上可以添加鏈接至品牌官網，為行銷收口。基於用戶的主動下載及點擊互動行為，讓品牌信息快速擴散。

創意策略：以微旅行為主題，向廣大受眾徵集作品，並在作品中加入官網鏈接再次推送；將品牌桌面 MINI 放到用戶桌面上，讓用戶在對壁紙、皮膚的使用中，全天候時刻感受品牌理念。

媒體策略：在徵集階段中，運用皮膚、壁紙及新詞彈窗等資源，廣泛推送賽事，讓這一創意活動被更多受眾所知。在推送階段中，再運用皮膚及壁紙的推送資源，選擇用戶黏度較高資源位促進作品的下載使用。

行銷效果與市場反饋

此次合作超過原定目標。最終徵集得到 58 款皮膚、195 款壁紙，遠超過原定計劃的幾十款，下載量分別達 76 萬次與 1,603 萬次，為原定計劃 8 萬次的上百倍。除去下載量與徵集作品，據統計，搜狗達到了 3.8 億次的展現量，預約試駕導流 1,663 次，官網導流超過 17 萬次，成功讓更多人主動瞭解了 MINI 新車，拉近了品牌與消費者的距離。以皮膚和壁紙的製作使用，視覺衝擊+網路生活伴隨，感知品牌微旅行概念。在此期間，MINI 曝光量明顯增加，官網流量與試駕導流顯著提升。

資料來源：http://www.meihua.info/a/6254。

（二）社交媒體之傳播模型：CIPSA 模型

伴隨互聯網而生的社交媒體與傳統媒體迥然不同，它一出生就含有互聯網的基因。傳播學者彭蘭將「連接」看成互聯網的本質：「互聯網上構成連接的基本要素以及連接的方式在不斷發生變化，但『連接』始終是互聯網的要義。」社交媒體的出現是互聯網發展的分水嶺，它將物的網路推進到人與人之間的網路。互聯網通過其獨有的方式將人們聚集在一起，然後根據興趣和價值觀等因素進行細分，形成以個人為中心的社交網路。互聯網中的虛擬交往是現實社會社交網路的複製和延伸，但其廣度和深度要遠遠大於現實社會交往。社會交往已成為人們網路化生存的基本狀態，社交網路對人們的生活方式正發揮著越來越大的影響。與傳統統媒體相比，基於 Web 2.0 的社交媒體為用戶提供了交互的接觸方式，從信息生產、接收和傳播過程幾個方面徹底顛覆了傳統媒體以傳者為中心的線性模式。參與傳播的個人或組織都可擁有話語權並成為傳者，能夠主動創作和發布傳播信息，對傳播的信息內容又可相互影響。在該過程中，以社交媒體作為傳播平臺，形成了由網路化用戶群體發起和參與的傳播模式。在這個新的傳播模式中，意義分享、參與互動、用戶生產與個性化傳播成為主流方式。在這個變革過程中，傳播技術對傳播過程產生了巨大影響，由此催生的社交媒體則構建了與傳統媒體迥然不同的信息生產和傳播體系，從而造就了這個新的傳播模式——基於社交媒體的傳播模式。

筆者把這個基於社交媒體的傳播模式叫作 CIPSA 模型，其關鍵步驟如下：共創、交互、參與、分享和聚合。見圖 2-1。

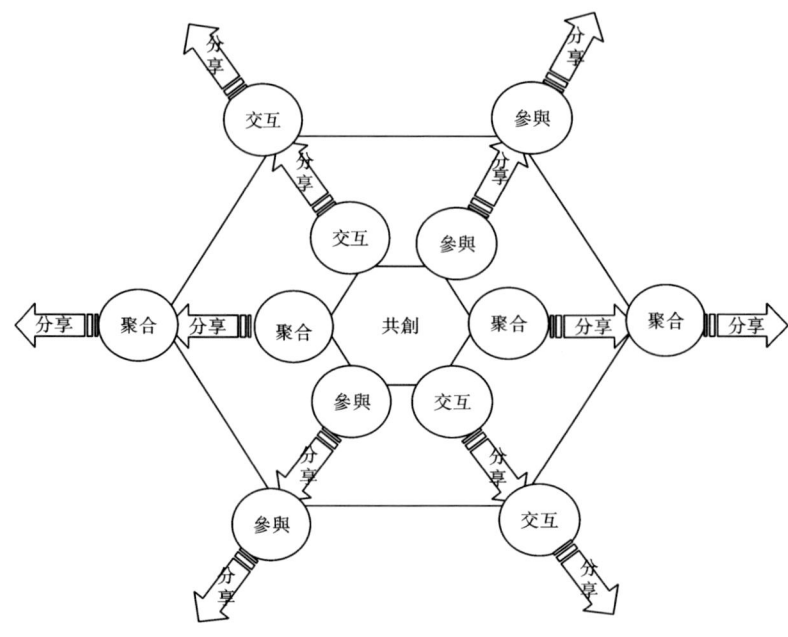

圖 2-1　社交媒體傳播的 CIPSA 模型

1. 共創

共創指的是構建信息的製作者、傳播者、消費者三位一體的「共創媒體」系統。社交媒體對於傳播的重構首先是對傳播者權威身分的改變：傳播者權威地位的消解、信息生產主體唯一性的改變以及三位一體新型媒介系統的建立。

（1）傳播者權威地位的消解

互聯網以其「去中心化」的特徵，使得傳播主體「被多重化和去中心化導致在時間和空間上脫離了原位」。傳播主體的消解打破了信息生產專業媒介機構的高度權威性，繼而形成了網路用戶「去中心化」思維。為此，社交媒體用戶不再只是信息的接收者，同時也是信息的生產者和消費者。伴隨社交媒體的普及，過去專屬大眾媒介的傳播權被泛化擴散，傳受界限也同時被瓦解，人們以極大的熱情行使著信息網路傳播權。網路交互語境的改變大大提升了網民的傳播意願和自主傳播動力，他們在社交媒介內容生產和消費方面都有著積極的表現。在各類社交媒體中隨處可見用戶自主上傳更新的文本、照片、語音及視頻等信息，這種傳播分享模式得到了用戶的熱烈追捧，他們正以最大的熱情去爭當社交媒體中的內容貢獻者。移動互聯網時代降低了用戶的媒介使用成本，僅需一臺上網終端設備和簡單的操作技巧，人人都可以成為信息的生產者

和發布者。社交媒體的興起，使得人類的媒介使用權得到了真正意義上的下移和擴散，以往傳播者的權威地位正在消解。

（2）信息生產主體唯一性的改變

互聯網時代信息生產機制發生了重大變化，網路並非任何單一組織所擁有、控制或管理，而僅僅以相互之間的協議為基礎。這直接改變了信息生產主體的唯一性。網路除關注信息的生產與分配外，還關注信息的處理、交換與儲存，網路的運作也不同於大眾媒體的專業化和行政上的組織性。例如，社交媒體並非採取直接的信息生產和發布，而是採取用戶自製內容的方式參與信息生產與發布。以 Web 2.0 技術為基礎的社交媒體構建了三位一體的「共有媒體」系統，這種新型媒介系統消解了傳統信息仲介的媒介系統，體現出超文本、多媒體、互動性的特徵，也是對傳播關係的一種全新構型，製作者、傳播者、消費者的概念界限不再涇渭分明，共同加入媒介的生產體系中，最終導致媒介經營方式與傳播方式發生劇變。

（3）消費者主導媒體

在社交媒體的內容傳播過程中，媒體的存在、內容的分享、話題的交互等活動都依賴於社群成員的社會化行為來形成和展開，這意味著社交媒體本身的內容傳播及傳播擴散路徑，完全由消費者主導並生成。對企業而言，這就意味著社交媒體的存在是頗具商業價值的。在社交媒體環境下，廠商與消費者完全處於彼此平等開放的溝通環境之中，消費者對該媒體環境的參與傳播將給廠商的銷售、市場、營運等相關商業行為帶來諸多影響。過去的大眾傳播理論把信息的接收者稱為「受眾」，認為傳播者是主動的，而接收者是被動的，如曾經盛行的「魔彈論」就把信息的接收者視為完全被動的受眾。然而在社交媒體時代，人們的信息選擇行為已經變得自覺和主動，而不再是盲目和被動的，我們甚至不再稱呼他們為「受眾」，轉而稱其為「用戶」。這些用戶在內容生產和消費過程中，擁有了平等參與信息發布的自由和表達的機會，成為議程設置的主體，他們通過轉發和評論來表達其意見和態度，增加了信息的附加值。

2. 交互

交互指的是形成交互式信息平臺。基於 Web 2.0 技術的社交媒體具有強大的連通性，將諸多傳統媒體或社交媒體都整合到互通的網路平臺，形成了整合眾多媒體資源，可直接檢索、對話、分享與聚合的交互式信息平臺。這種「共聚」式的交互式信息平臺以互聯網為載體，突出並運用具有社交媒體交互特點的手段，激發用戶的主動性和參與性，最終實現傳播的目的。這個交互式

信息平臺的交互性主要體現在以下幾個方面：

(1) 即時交互性

即時交互性主要是指借助移動互聯網，使得信息能以最快的速度隨時隨地、隨心所欲地發布與獲取。人們之間的交互不再受時間和空間的阻隔，用戶可以隨時隨地獲知海量信息，人們發出的信息也能夠以最快的速度得到展現和獲得反饋。從這個意義上來講，社交媒體就是一個無時無刻、無處不在的強大的即時交互平臺。

(2) 線下社交關係的線上遷移

在許多社交媒體平臺中，人們之間的交互關係是建立在真實社交關係的基礎上的。例如，在微信和人人網中的用戶相互之間添加成為好友，是因為這些用戶之間原本在線下就相互認識或具有共同認識的好友，這就形成了線下社交關係的線上遷移。於是，傳播主體的個人線下的真實身分屬性和特點逐漸顯現出來，並會影響到線上的網路人際傳播。從這個角度來看，網路社交關係其實是線下真實社交關係的線上遷移。

(3) 媒介融合的終端

多樣化的社交媒體形態和海量的信息供應，促使用戶的媒介使用方式由傳統的「聚合型」轉向了「分散型」。這對廠商而言就構成了一個頗具難度的挑戰：如何整合諸多社交媒體？所幸社交媒體平臺具備天生的互聯網基因——交互性和連接性使其能夠同時承載多種媒體業務，這就讓社交媒體平臺成了多種媒介交互融合的終端。

3. 參與

參與指的是社交媒體用戶積極、主動地參與社群活動。社交媒體時代，信息接受者不再是被動的受眾，而成為積極參與互動的網路化用戶。「積極的用戶」是具有選擇性的群體成員。他們能夠選擇性接受、理解和使用信息，能夠掌控其媒介經驗而不再是被動的接受者，由此成為積極、主動的媒介使用者和消費者。

(1) 積極、主動參與的用戶

當前，社交媒體為用戶提供了更多信息傳播與接收的機會。各種社交應用軟件提供的信息選擇、發布、生產和過濾機制，使得接觸和使用媒體的區別愈來愈明顯。用戶創造和生產內容的社交媒體時代徹底顛覆了「一對多」的大眾傳播模式，用戶變得更加具有自主性、選擇性和個性化。他們不再是媒介信息的被動接受者，而是各類社交媒體的生產者和使用者。從受眾到用戶角色的

轉變折射出了社交媒體下人與人、人與媒體之間的關係模式的變遷。

（2）用戶體驗至上

社交媒體平臺提供了一種全新的內容產生形態和傳播模式，尊重個人體驗和感受，消解了權威媒體對信息壟斷和對社會話語的主導權，既提升了用戶參與的積極性，又使得用戶通過參與線上互動與交往獲得關注，體現自我。社交媒體中用戶的信息交流是在分享與交往當中進行的，體驗至上也因此成為用戶使用社交媒體的一個重要動機。

4. 分享

分享指的是用戶創造與分享信息。互聯網的出現和社交媒體的興起，顛覆了傳播內容由專業人士獨創的歷史：消極的受眾變為主動的媒介用戶，他們直接參與信息的創造與分享並將原創的內容通過社交媒體平臺進行展示。

（1）強大的網路口碑

在社交媒體行銷領域，隨著社交媒體、電子商務平臺以及地理位置服務等移動互聯網軟件的興起，社群成員在信息內容方面的影響力日益重要，網路口碑也隨之成為企業傳播品牌的重要方式。

（2）傳播「留置型」信息

傳統的大眾媒體所傳播的信息以「流逝型」信息為主，信息只能在固定的時空條件下接觸，媒體所承載的信息轉瞬即逝，事後搜索或查找具有較大的難度。社交媒體傳播的則是「留置型」信息，信息內容相對穩定地存在於媒體當中，信息使用者能夠運用搜索引擎和過濾等方式來獲取這些「留置型」信息。

（3）「節點」式傳播

傳統大眾媒體內容從媒介生產者向受眾之間進行的是「一對多」式的流動，社交媒體則以人為傳播主體，實行的是「節點」式傳播。每個網路用戶都是傳播的「節點」，同時也是信息的傳播者、接收者和再次傳播者，這些角色之間的地位是平等的，且其角色可輕易地實現轉換。在社交媒體的多維傳播的過程中，用戶既是節點的實體，主動去激活每一個節點；同時又是節點信息的重要組成部分，通過與其他節點的互動生產新的信息。通過「節點」式傳播，用戶實現了信息的自主生產與傳播的高度共享。

5. 聚合

聚合指的是碎片化傳播與用戶的聚合。碎片化包含兩個方面：用戶碎片化

和媒介碎片化。媒介資訊生產能力的提高和媒介資源的極大豐富是導致用戶碎片化的主要因素。數字技術使用戶越來越分化，互聯網產生的海量信息和傳播更是加劇了用戶的碎片化。用戶碎片化的同時也伴隨著媒介內容的碎片化。其一，傳統媒體市場份額不斷收縮，單個媒體的話語權和傳播效果不斷降低；其二，隨著傳播渠道和傳播信息的激增，媒體內容也呈現出碎片化趨勢，而以網路化、數字化為代表的社交媒體技術則加速了該內容碎片化的進程。在碎片化傳播環境下，傳統大眾媒體風光不再，如何將分散的、碎片化的用戶重新聚合就成了傳播者最為關注的重點和難點。依託於互聯網而生的社交媒體與生俱來的強大的「連接性」剛好可以將這些碎片化的用戶和媒介重新聚合起來成為一個融合的媒介平臺。

社交媒體以其獨特的傳播優勢顛覆了傳統的以信息傳遞為主的傳播模式，社交媒體建構新型媒介系統，搭建了交互式信息平臺，實現了用戶信息分享的傳播機制，代表著碎片化傳播之後的重新聚合。這就令以用戶共創、交互、參與和聚合為核心的社交媒體傳播模式正逐步成為主流傳播模式。

（三）社群中的消費者行為模型：EINAS 模型

傳統企業對於消費者的購買行為模式的認知是「漏斗式」，即從消費者接觸產品的人數到決定購買的人數是逐層遞減的。在社交媒體行銷中，適用的是「網路式」模型，即品牌和人、人和人之間是通過各種網路社群而緊密聯繫起來的。在各種消費社群中，潛在消費者一旦成為社群成員，企業就有機會將其納入社交媒體行銷的氛圍下進行持續行銷。在持續化行銷中強化潛在用戶對品牌的認識，增進品牌與用戶的關係，推動互動溝通，瞭解用戶需求，最終刺激顧客購買。同時，這種持續行銷還可以使潛在用戶產生對品牌的依賴，增強與品牌的黏性，並通過口碑傳播影響更多好友。在社交媒體時代，行銷方式正在朝著全景式的、多維互動的方式轉變。顧客通過社交媒體平臺分享消費心得與情感體驗，表達對購買產品或服務的認知與肯定，同時對社交媒體平臺內相關人群產生積極影響。消費不僅是獨立的、個體的、純粹理性的經濟行為，還是一種社會關係，是人與人之間的溝通、交往、互動、競爭的過程。

社交媒體時代，用戶不僅可以通過社交媒體主動地獲取信息，還可以作為消費源、發布信息的主體，與更多的好友共同體驗、分享。消費者不僅僅是主動搜索信息的過程，更多地體現為「關係匹配—興趣相投—體驗分享」的全

景式消費過程。我們把這種消費者行為模式總結為 EINAS 模型，即體驗（Experience）、興趣（Interest）、網路化溝通（Network-communication）、購買（Action）和擴散（Spread）。見圖 2-2。

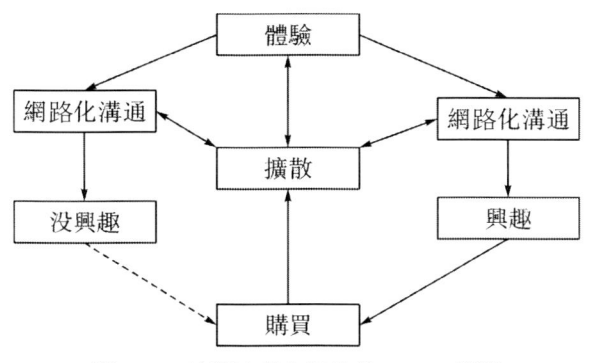

圖 2-2　社群消費者行為的 EINAS 模型

1. 體驗

體驗是指企業與用戶之間利用社交網路、LBS 位置服務等新型社交媒體平臺，以分佈式和多觸點的方式建立動態體驗網路，雙方交流不再受到時空限制，企業能夠通過遍布該動態體驗網路的傳感器及時感知用戶的體驗、評論和需求。

企業—用戶互相體驗：在 EINAS 模型中，通過分佈式、多觸點形式，在企業與用戶之間建立動態體驗網路是基礎條件。在該動態體驗網路裡，既有產生去向體驗的觸點，也有來向的需求響應的觸點，交流過程可以是無時無刻和隨時隨地的。廣告網路、社交網路和移動互聯網 LBS 位置服務等則是互動體驗網路的物質基礎。對企業而言，具備實時全網的體驗能力非常重要。具體而言，建立遍布全互動體驗網路的感受器，及時發現需求、動態響應等變得額外重要。企業對用戶的體驗非常重要，而能夠被用戶體驗到也同等重要，這是企業建立體驗網路的兩個重要環節。對於用戶來說，關注、分享、訂制、推送、自動匹配和位置服務等，都是其有效體驗的重要方式。企業需要做的，就是以最恰當的方式能夠被用戶通過這些方式體驗。在體驗階段，企業需關注七個指標。

● 體驗率：以某種或某些組合手段所能夠體驗到的有效人群與目標市場總體人群之間的比率。

● 體驗量：能夠體驗到的信息範圍的多少，如用戶人口信息、興趣需求、

網路地址信息、現實位置信息和溝通聯繫方式等。
- ●到達率：行銷活動最終達到的人口與能夠體驗到的人口的比率。
- ●理解力：是否能夠基於感知到的信息進行分析、理解和響應的能力。
- ●體驗效率：達到一定數量的目標客戶所發生的成本。
- ●被體驗率：被潛在用戶能夠體驗到的人口比例。
- ●回饋率：是否具有雙向回路的體驗人口在所有目標體驗人口中的比率。

2. 興趣

企業與用戶能否形成有效的互動關鍵取決於企業能否成功激發用戶的興趣。企業與用戶之間形成有效的互動不僅僅在於接觸點的多少，更取決於互動的方式、話題或內容。對企業來講，理解、跟隨、響應用戶的興趣和需求就成為關鍵，這也是社交媒體對用戶的影響力愈來愈大的一個重要因素。該階段的用戶正在產生或者已經形成一定程度的共同興趣。在興趣階段，企業需著重關注以下三個指標：

- ●興趣-成本效率指數，包括互動行動量、單位互動成本、點擊率、轉化率、播放完成率等；
- ●興趣-內容特性指數，包括話題、聲量、關注點、好評度、好評點等；
- ●興趣-品牌服務指數，包括品牌氣質、產品功能、價格評價、使用體驗等。

3. 網路化溝通

建立網路化溝通意味著需要結合好 PC 互聯網和移動互聯網，將企業行銷營運平臺和 Web、APP 打通，在互聯網服務架構之下，建立與用戶之間由弱到強的連接。其中的關鍵在於打通不同廣告系統、內容系統和服務系統。在網路化溝通階段，企業可著重關注以下七個關鍵指標，評估不同方面網路溝通的成本效率。

- ●社交網路連接指數：企業是否建立了與主要社交媒體平臺的品牌對話、互動連接通路。
- ●廣告連接指數：企業是否自身或者通過代理實現了廣告系統的數據互聯、業務協同。
- ●APP 連接指數：企業是否通過自有 APP 及第三方 APP 建立與消費者的互動連接通路。
- ●LBS 連接指數：企業是否具備通過位置服務為消費者匹配產品服務的

能力。

●EC 連接指數：企業是否將上述通路與電子商務打通，使得消費者可以直達、購買。

●CRM 互通指數：企業是否實現了原有 CRM 系統、Social CRM 系統互聯互通，甚至徹底打通為一體，以及具備將感知網路數據流匯聚到 CRM 中進行動態實時管理、響應、對話的能力。

●SCM 打通指數：企業是否已經將後端物流供應鏈與前段電子商務、客戶關係打通。

4. 產生購買

在社交媒體環境下，用戶的購買行為不僅僅發生在電子商務網站之中，O2O、APP、社交網路等都可能成為用戶購買的發起點。在產生購買階段，企業需關注以下六個關鍵指標，評估不同方面關鍵指標對於銷售轉化的價值和意義。

●電商率：線上銷售以及通過 O2O 帶來的銷售額在總銷售額中的比率。

●分佈率：企業電子商務是一站之內的自主電子商務，還是分佈式的電子商務，及其各自占企業電子商務總量的比率。

●接通率：企業線下銷售網店、線上電子商務中與感知網路的接通量，及其占企業整個網路行銷的比率。

●個性率：是否具備對用戶個性化需求的採集、響應、定制、服務能力，及其占整個客戶服務總量的比率。

●移動率：企業電子商務在移動終端的部署量、交易達成量以及在總量中的比率。

●社交率：社交網路來源的流量、聲量、購買量在企業商務總量中的比率。

5. 擴散

社交媒體的擴散分享實現了對用戶體驗分享碎片的自動分發和動態聚合。社交媒體行銷的「多對多」信息傳遞模式具有很強的互動性和擴散性。社群關係愈成熟，社群成員就愈加樂意主動獲取和分享信息。以私密社群為例，私密社群用戶顯示出高度的參與性、分享性與互動性。私密社群行銷傳播的主要媒介是用戶，主要方式就是「口口相傳」。由於私密社群用戶具有參與性、分享性與互動性的特點，所以很容易加深對品牌或產品的認知，也容易形成深刻

的印象，達到良好的傳播效果。行銷者選擇私密社群進行行銷，一方面要充分利用社群自願共享信息，如 Path 的一項應用是對用戶健身、跑步數據進行實時追蹤記錄並且在用戶允許的前提下將數據共享，這些共享信息裡面包含了私密社群人員的行為習慣和位置信息，這些都將成為十分真實有效的行銷信息；另一方面要促使社群主動分享企業信息。企業要注重信息的選擇，讓相關的信息成為成員共享的信息；企業還要學會引導和影響成員，做到讓社群成員一起和企業來分享信息或者資源。在擴散階段，企業需關注以下四個關鍵指標。

●擴散內容指數，包括話題、關注點、好評度、好評點、傳播圈、關鍵節點等；

●擴散互動指數，包括參與者的數量、聲量、話題數等；

●擴散對話指數，包括企業與進行體驗分享活動的用戶之家的對話量、響應度；

●擴散轉化指數，包括從用戶體驗分享環境轉化到消費社群、官網、電商網站等行銷環境的用戶的比率。

第三章 社交媒體行銷模型：MICC 模型

在社交媒體時代，傳播方式和消費者行為都發生了巨大的改變，這必將帶來行銷模式的變革，筆者由此提出了社交媒體行銷模型——MICC 模型：匹配（Match）、交互體驗（Interactive）、內容為王（Contents-create）、社群經營（Community-operation）。見圖 3-1。

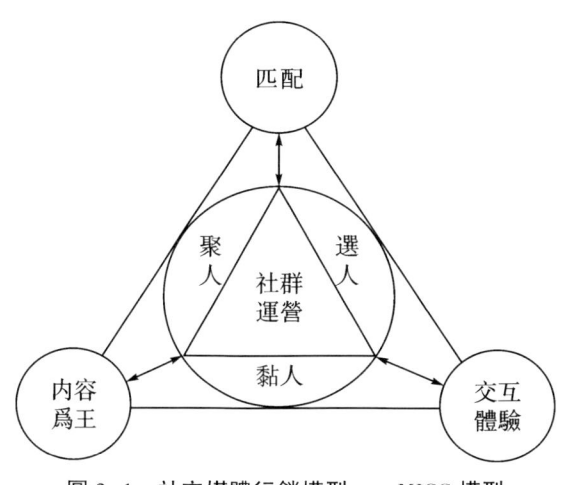

圖 3-1　社交媒體行銷模型——MICC 模型

（一）匹配

「匹配」是指企業（生產者）與社群成員（經銷商、消費者）之間在地位平等的基礎上，借助社交媒體平臺，通過各種交互活動來聚合消費者和經銷商，在價值觀、產品或品牌方面與社群成員達成共識。匹配的核心在於平等和

共識，主要包括三個方面：匹配成員、匹配平臺和匹配產品。

1. 匹配成員

傳統的市場定位是指企業、產品、品牌相對於競爭對手而言，在消費者心中所占據的位置。由於市場雙方信息不對稱的逆轉，使得企業對產品等相關信息難以控製或誤導，導致企業基於產品功能、消費者利益上的「獨特」定位越來越難。MICC 模型裡的匹配成員類似於傳統市場行銷裡面的「定位」概念，但傳統行銷裡面的「定位」，強調的是「占據」，即企業和行銷者是居於「主動」地位的，他們要去「占領」顧客的心智，市場上甚至還流傳過一種說法，叫「占位」，這更是企業有著強勢地位觀念的直接體現。MICC 模型提出的匹配成員則是基於企業與消費者雙方平等地位的一種「匹配」，企業去尋找目標社群的價值觀，在各種互動交流中與之達成共識，從而形成了相對完美的「匹配」。匹配成員不僅僅是一個「概念」的植入，更是基於消費者價值觀的洞察而進行的系統整合，從價值觀的源頭實現對消費者心智的植入。消費者借助社交媒體聚合在一起表達、評論、交流、互動，最終達成共識，形成大家均認可的價值觀。這個價值觀取決於成千上萬人共同實時形成的觀點。企業通過社交媒體與顧客進行實時化的深度溝通，從而準確認識自身和目標消費群體的價值觀。

同時，此處所指的「成員」主要包括兩種群體：一是消費者群體，二是經銷商群體。當然，在社交媒體時代，消費者群體和經銷商群體有可能合二為一變成一個群體，如「微商」既是消費者又是經銷商。社交媒體讓每個社群成員給自己打上各種各樣的標籤，體現其思想、感情和生活，更好地實現關注與被關注。根據各成員的標籤，企業通過各種社交媒體工具可以精準地尋找到他們，從而可以更好地從心理和行為的角度對消費者進行細分，然後通過標籤把他們聚合起來，從而完成了企業與目標消費者群體之間的匹配，最終使得基於個性、態度、興趣和愛好類似或相同的小眾人群——消費社群具備一定的經濟價值，形成長尾效應。例如，以微信為代表的一些社交媒體將目標市場鎖定在小眾群體，利用信息分類標籤與推送模式，專門針對小眾進行傳播。這種標籤推送在一定程度上有效地提高了小眾市場的傳播效果。

2. 匹配平臺

社交媒體的出現與應用，消除了企業、經銷商與消費者之間的信息不對稱，使得三者之間可以更好地匹配起來。由於許多伴隨社交媒體而生的社群成

員同時也是企業的經銷商，故而社交媒體平臺又具有雙重身分，即它既是傳播媒體又是行銷渠道。從這個意義上來講，社交媒體平臺既是傳播平臺又是行銷渠道平臺。當然，由於社交媒體的種類繁多，其特點和功能各不相同，如何匹配社交媒體平臺，發揮好傳播和行銷渠道的功能就成為企業社交媒體行銷策略中的重要一環。

匹配社交媒體平臺的傳播功能。基於社交媒體是由多種具有社會化屬性的社交類應用組成的特點，在依託社交媒體平臺進行傳播時，需要考慮不同社交類應用之間的內容互動性與差異性，匹配好不同社交媒體平臺的功能特點，統一整合，相互呼應。例如，人人網和豆瓣網這類社交網站是社交媒體中的群體最為集中、用戶黏性較強的一類網站，它們都建立了各自的社群。對於企業而言，如何整合好各種社交媒體平臺，實現「一個形象，一種聲音」的整合行銷傳播目標就成為一個亟須解決的問題。

匹配社交媒體平臺的行銷渠道功能。通過社交媒體，企業可以獲得有價值的消費者信息，提高企業對經銷商的議價能力；通過消費者的直接反饋，企業可以更好地比較和評估各種行銷渠道的優劣，協助企業調整行銷渠道策略；各行銷渠道成員也可以通過社交媒體這個開放的平臺，增進相互瞭解、化解衝突。在社交媒體時代，生產商的角色不再是一個單純的渠道的直銷商，而是一個平臺，它和經銷商不再是傳統的競爭關係，而是同屬一個平臺的關係。社交媒體重構了廠家的渠道模式，最終達成產品、價格、服務和物流統一管理的目標，從而可以有效地解決傳統渠道模式下的渠道衝突，提升渠道效率。

3. 匹配產品

社交媒體賦予了企業與其消費者達成實時、頻繁溝通的能力，為瞭解動態消費需求和建立良好關係開拓了一條新的道路。這令企業和消費者共同合作推進一個可以匹配社群成員的產品項目成為現實。社交媒體既可以用於與外部市場和顧客的溝通，也可以用於與內部產品開發團隊的溝通。社交媒體的應用可以貫穿產品開發的全過程，從需求溝通、創意產生、產品設計、原型測試、產品發布、產品推廣、信息反饋到產品的售後服務。消費者可以深度捲入企業的產品開發過程，形成消費者與企業產品之間的高度「匹配」，最終在推向市場的產品中體現消費者的需求。例如，著名的威客平臺──「豬八戒網」建立了一個創意超市，企業可在該平臺上提出待解決的難題，通過「眾包」方式解決問題，也可由用戶通過社交媒體提供自己的創意或者設計，賣給企業，交由企業生產、銷售。

吳曉波頻道——從書友會到匹配產品

著名財經作家吳曉波在財經愛好者群體中具有極強的號召力。通過吳曉波頻道，他建立起了自己的社群且匹配了相應的產品。

◆吳曉波頻道上線。2014年5月8日，吳曉波的微信公眾號——吳曉波頻道上線，每周二、周日各出一個財經專欄。與此同時，吳曉波還在愛奇藝推出了國內首檔財經脫口秀節目《吳曉波頻道》，每周四在愛奇藝播出30分鐘。其中，微信公號上線當天的訂閱戶為4,582人，到一個月後的6月8日便超過了10萬。

◆吳曉波書友會成立。從2014年6月下旬開始，出現了自發組織的城市書友會。到了10月份，已有30個城市組建了書友會，之後很快吸納了數萬名優質書友，發起了上千場有意義的活動。其中，有9個城市選出了管理員，他們負責各自城市的讀書活動。而吳曉波則推薦了「羅伯特議事規則」（美國國會開會規則）給大家，幫助大家制定討論的規則。依託吳曉波頻道這個社群，吳曉波做了一些商業嘗試：

（1）商業化營運，在文章中插入商業廣告。結果70%的用戶支持這種做法，這是一個可喜的突破。

（2）邀請大家為頻道寫稿，但發現質量難以把控，於是便迭代推出「話題牆」，徵集用戶關心的話題。在未來，他還想把選題、寫稿和審核的權利都還給讀者，從而形成一個互聯網生態下的、近似「失控」的文本生產平臺。

（3）在視頻中增加與公眾號的互動環節，並發起主題互動，從而形成「視頻-公眾號-線下書友會」的閉環模式。這是吳曉波頻道未來探索的方向。

◆匹配旅遊。讀萬卷書不如行萬里路。讀書和旅行一直是密不可分的，要麼讀書，要麼旅行，身體和靈魂總有一個在路上。於是，吳曉波的目光盯上了旅遊。在吳曉波書友會的基礎上，吳曉波頻道建立了旅遊群，並推出了吳曉波親自帶隊的嘉賓體驗遊和書友會全球旅行計劃。

工業化4.0是一個熱門話題，得知全球工業領域最頂尖的漢諾威工業展於2016年4月25~28日召開，於是吳曉波頻道發起了德國工業化4.0縱深考察團。吳曉波親自帶領企業家們去德國漢諾威觀展學習工業化4.0，一共9天的行程，實地參觀考察德國知名企業，與企業內部人士面對面交流，同時遊覽德國的歷史文化景區。該德國工業化4.0縱深考察團一經推出，反響十分強烈，工作人員的微信收到無數添加好友的請求和詢問，許多人直接就支付了5,000元定金。此次考察團的費用是每人36,000元，限定150人。該活動是由吳曉

波頻道和一家旅遊公司合作組織的。這次旅遊的核心在於吳曉波的知名度和影響力，這也是嘉賓遊的核心競爭力。以前人們出去旅遊關注去哪兒，現在人們更關注的是和誰一起去。

吳曉波書友會全球旅行計劃也採用了類似的思路，每個行程都有特招領隊全程陪同，這些特招領隊通常都是有故事的旅遊達人。在旅遊過程中，團友們逐漸體會到，風景只是背景，關鍵與誰同行，有意思的旅行要跟有意思的人玩兒。有意思的領隊，再加上全程不含購物景點，特色定制項目深度體驗。吳曉波頻道的旅遊目前有日本、泰國清邁、印度、新西蘭、西班牙、臺灣臺北地區等多條線路，受到了其社群成員的熱烈追捧。

◆匹配楊梅酒。1998年，吳曉波買下了千島湖的一個面積9公頃多的小島，然後在島上大範圍種植楊梅樹。他請來一對老年夫婦住在島上，幫其打理島上的楊梅樹。2004年開始，島上的楊梅終於迎來了收穫時節。吳曉波當時曾算過一筆賣楊梅的帳，一棵楊梅樹最多可以掛果50千克，島上的4,000多棵楊梅樹就可能產20多萬千克楊梅。若按收購價格全部賣掉，每年有四五十萬元的收益。但吳曉波沒有選擇賣楊梅，而是選擇了賣楊梅酒。依託吳曉波頻道這個強大的社群，吳曉波在2015年6月宣布，開賣由該島採摘楊梅製造而成的楊梅酒——吳酒。售價199元/瓶的5,000瓶吳酒上線後，在33個小時內即被迅速搶光。72小時之內，吳曉波總共賣出了3.3萬瓶吳酒，實現銷售收入600多萬元，遠遠超過了其當初設想的賣楊梅的收入。匹配了產品的社群展示了其強大的銷售力。

（二）交互體驗

交互體驗的實質是激發消費者的情緒。消費者的體驗是充滿情緒的，沒有哪一次體驗是與情緒完全無關的。社交媒體行銷最重要的是吸引用戶參與活動，主動傳播相關的行銷信息。那麼什麼樣的信息才能吸引社交媒體來傳播？《瘋傳：讓你的產品、思想、行為像病毒一樣入侵》的作者，賓夕法尼亞大學沃頓商學院行銷學教授喬納·博杰發現：一篇文章包含的情緒越積極，越可能成為病毒。

1. 快樂是積極情緒的主要類型

社交媒體行銷是一個巨大的情緒能量場，社交媒體用戶的分享、評論、轉

發等行為都建立在情緒激發的基礎之上,企業應該充分認識到情緒的重要性。快樂情緒分享既是社群也是社交媒體行銷的主要驅動力。需要指出的是,社群中的快樂情緒通常有兩種類型:一是社群的情緒類型自始至終都是快樂類型,二是社群的情緒類型是由其他情緒如畏懼轉化成快樂類型。

2. 消費者生成廣告

社交媒體行銷的交互體驗應用的一個典型方式就是消費者生成廣告(Consumer-Generated Advertising, CGA)。廣義消費者生成廣告包含任何消費者生成的、與品牌相關的內容,包括在線品牌推薦、產品評論和消費者創作廣告等幾種形式。消費者生成廣告作為一種體驗,涉及由消費者製作廣告、觀看廣告所產生的愉悅感。消費者使用品牌名稱或標示,通過個性化編輯的方式將其觀點植入其中,並從中獲得滿足和愉悅感。消費者生成廣告可以給企業節約廣告創作費用,製造線上和線下話題,讓品牌信息自發地在各種社交媒體平臺上傳播,從而獲得較高的傳達率。對廠家而言,消費者生成廣告擁有許多明顯的優勢。例如,許多消費者在創作品牌相關傳播活動時表現得非常專業,可以給行銷者提供非常吸引人的行銷信息。又如,消費者生成廣告因為其天生具有較好的真實感和較高的信任度,故通常可以獲得良好的傳播效果。當然,通過消費者生成廣告,企業還可以獲取來自於意見領袖的有關品牌的反饋信息。有研究發現,消費者感知到的共同創作感、社群、自我概念正向影響消費者生成廣告捲入度,這又正向影響到基於消費者的品牌資產。感知到的共同創作感是指消費者將其看成社群價值創造系統中不可缺少的一部分,他們認為自己可以影響到價值的產生。消費者感知到的共同創作的感覺越強烈,其消費者生成廣告的介入度越高;消費者覺得品牌越有利於其社群,對消費者生成廣告的介入度也越高;基於消費者的品牌資產越強大,消費者感知到的品牌共同創作感就越高,越覺得消費者生成廣告有利於社群。最終形成了消費者生成廣告、品牌資產和社群的良性循環。

3. 讓顧客成為免費的推銷員

隨著社交媒體的行銷應用,社交網站的消費訂單分享,微博和微信上的產品推廣、轉發、評論抽獎等,都可以在聚集人氣的同時獲得訂單。社交媒體改變了傳統的人員推銷的方式,以消費者購物體驗分享的方式,形成了良好的口碑效應,使消費者成為免費的推銷員。社交媒體改變了傳統商業模式當中利益群體之間涇渭分明的狀況,消費者也可以通過銷售廣告位、轉發帖子、參與投

票、參加遊戲等，獲得相應的收益，從而激勵消費者轉變為企業的兼職推銷員。

4. 口碑勝於廣告

在 Web 2.0 時代，消費者對品牌的理解不再僅僅是產品的差異化，而是重點強調品牌形象給其帶來的心理與精神上的滿足。各個消費社群無意或有意參與了企業品牌的塑造，由此「擁有」了企業的品牌塑造權。社交媒體使企業與消費者在品牌傳播過程中，不再是「干擾」與「被干擾」的關係，而是相互溝通、平等參與的關係。社交媒體通過創意引來關注、體驗創造口碑、分享擴大傳播。每一個消費者在社交媒體中擁有了更多的發言權，消費者之間的相互溝通、經驗分享等都可以影響到社群成員，隨著話題的擴散使得每一個話題參與者都成了品牌傳播的主體，再以群體的方式不斷擴張，最終彰顯出強大的口碑力量。消費者擁有主導權的社交媒體可以使其主動選擇是否要進行品牌互動、何時何地、以什麼方式進行互動。所以，在社交媒體中，品牌傳播除了要能夠表達共性之外，更要針對不同社群甚至個人特點進行個性化傳播，把個性化的品牌信息融入各社交媒體平臺中，讓消費者在情感互動與體驗中形成對品牌的印象，並在社群中通過分享和交流在社群成員中逐漸形成共識，最後品牌形象就在消費者心中逐漸鮮明起來。

（三）內容為王

社交媒體給行銷帶來了諸多改變，無論是用戶接受內容的習慣還是方式，以及對於內容的要求都和傳統行銷不同。從推送內容的角度來考慮，優質內容的標準也發生了重大的變化。傳統意義上的內容發布者是指以受眾想要的互動形式發送客戶想要的信息。傳統的發布者以此來賺取廣告贊助收入或讓用戶為內容付費。在社交媒體時代，越來越多的公司通過扮演發布者這個角色，與用戶進行內容互動，來達到其商業目的。新浪微博發布的《2015 年企業微博營運白皮書》顯示，截至 2015 年 11 月，共有 96 萬家認證企業入住新浪微博；2015 年認證企業用戶博文總閱讀量環比上漲 34%，並實現近 20 億互動量。這由此引出了社交媒體行銷的一個重要概念：內容行銷。

1. 什麼是內容行銷？

Pulizzi 和 Barrett（2009）把內容行銷界定為「企業通過聆聽顧客的需求、

免費採納顧客的有用建議來與消費者建立擁有共同利益的互相依存關係以及信任。通常作為回報，消費者會向企業提供建議或意見」。美國內容行銷協會則把其界定為一種行銷和商業過程，而且是「通過製作和發布有價值與吸引力的內容來獲取和聚集明確界定的目標人群，最終使這些人產生消費轉化，帶來收益的行銷和商業過程」。筆者以為，內容行銷是指以多種形式的媒體內容，通過多種渠道傳遞有價值，有娛樂性的產品或品牌信息，以引發顧客參與，並在互動過程中建立和完善品牌的一種行銷戰略。傳統的行銷方式多數時候是通過打斷用戶思考來傳遞產品信息。內容行銷則是源自分享，從給予用戶答案的角度來向消費者傳遞信息和激發消費者的購買行為。因此，內容行銷可以更好地留住消費者，提高品牌忠誠度。

2. 為什麼需要內容行銷？

根據美通社和內容行銷機構（Content Marketing Institute，CMI）發布的2014年北美企業內容行銷調查報告，品牌認知（Brand Awareness）、銷售引導（Lead Generation）和客戶獲取（Customer Acquisition）等是美國企業進行內容行銷的最主要目的。該調查結果與國內相關市場調研機構的調查結論基本一致，內容行銷對企業品牌及銷售轉化方面的促進仍是企業最主要的期望。近年來，企業在內容傳播方面的投入呈現出逐年上升的趨勢。超過一半的調查者表示，「如何產生足夠豐富的、不同類型的內容影響、接觸客戶、消費者」和「衡量內容行銷所產生的回報」是他們當前面臨的最大挑戰。

今天，誰都無法否認智能移動終端的廣闊前景，但很多人沒有注意到的是，智能移動終端天生就是內容消費的設備，內容消費是其首要屬性。在移動互聯網無孔不入的今天，用戶對於媒體內容的接收習慣發生了顛覆性的改變。在廣播和電視稱霸的年代，用戶似乎可以通過轉換頻道來享受自己選擇的內容，然而實際上他們消費的是傳播者預先設定的內容。20世紀80年代，隨身聽的出現帶來了新的變化，個性化的內容選擇成了隨身聽的象徵。到了20世紀90年代，大量用戶拋棄了被動接受內容的模式，選擇了互聯網的世界，自由搜索自己想要的內容且在需要的時候消費。然而，和電視時代一樣，用戶同樣需要把自己束縛在某個固定的設備——電腦旁邊。今天，智能移動終端的出現，終於帶來了顛覆性的改變，用戶可以完全自由的選擇內容並隨時隨地的消費。用戶打破了時空位置的束縛並擁有了自由的選擇權。然而，用戶獲取內容自由權利的代價是其日益減少的隱私權。依託移動社交平臺的覆蓋和LBS技術，社交平臺的用戶們實際上無時無刻都處在行銷者的視線（監控）之中。

當然，這對行銷者而言是好事，意味著他們比以往任何時代的行銷者都更加全面和深入地瞭解其用戶。然而，這對於用戶而言是好事抑或喜憂參半？

3. 用戶需要什麼樣的內容？

在社交媒體時代，行銷者面對的重要挑戰不再是如何接觸到用戶，而是以怎樣的內容去吸引他們。社交媒體平臺尤其是智能移動終端的興起，不僅改變了用戶獲取內容的方式，也改變了用戶對於內容的需求。這些變化表現為用戶的注意力變得更短，內容的來源五花八門，內容的信息量更大，需求的內容更加包羅萬象，內容製作標準顯著提高，用戶之間產生了更多的內容分享和互動等。

（1）用戶喜歡的「好」的內容大致具備以下特徵：

◆有益。大多數用戶都不喜歡廣告，在社交媒體的移動時代做直銷式的廣告容易引起用戶的反感；反之，對於恰好能夠滿足用戶需求的有關資訊，他們卻很歡迎，因為這些資訊符合用戶的利益。類似地，好的功能或服務、直接的金錢獎勵或優惠折扣等這些對用戶有益的方面也會受到用戶的歡迎。

◆簡潔。智能移動終端的廣泛普及在給社交媒體的用戶們帶來極大的便利性的同時也改變了他們的閱讀習慣，如「碎片化」閱讀已成為社交媒體用戶的主要閱讀方式。受限於碎片化的閱讀時間，冗長的行銷內容即使迎合了用戶的喜好，他們也沒那麼多時間或耐心把它閱讀完，所以，社交媒體上的內容必須簡潔明瞭。

◆高科技。好奇之心人皆有之，大多數社交媒體用戶很難抵抗新奇事物的魅力，借助高科技技術，行銷內容可以在用戶面前呈現得非常酷炫，這有助於吸引並黏住那些有價值的社交媒體用戶。快速發展的科技使得社交媒體平臺變得更加智能，如已經有企業嘗試把AR（增強現實）或VR（虛擬現實）技術運用到行銷活動中去。試想一下，今後你不僅能在社交媒體平臺上和朋友面對面地聊天，還可以「手牽手」地去完成一個個有趣的遊戲任務，這將給社交媒體平臺帶來顛覆性的變化。試問：將來有誰能夠抵擋這些類似於AR或VR的高科技技術的魅力？行銷者需緊跟高科技的潮流，採用最新的科技來給用戶展現行銷內容。

◆可互動。即時互動性是社交媒體平臺的重要屬性之一。在行銷活動中，即時互動性的行銷價值得到了淋灕盡致的體現。社交媒體平臺上的用戶之間的即時互動分享促成了二次口碑行銷；同時，用戶可以參與到社交媒體行銷的互動和創造中去，甚至可以切入到產品的研發和設計當中去。例如，第一代小米

手機在積聚了數十萬「MIUI」（米柚，基於安卓系統開發的手機端系統程序）粉絲之後，再宣布「讓百萬粉絲用上自己創造的手機」。通過各種社交媒體平臺，小米公司把龐大的「米粉」（小米手機的粉絲）群體整合到一起互動，參與到小米手機的系統、外觀和功能等方面的設計。擁有數十萬乃至上百萬積極互動的粉絲，加上小米手機初期的限量銷售，小米手機後來居上，創造了一個手機行業的奇跡。

◆個性化。社交媒體行銷更加注重以人為本的個性化行銷方式。與傳統行銷模式相比，這種行銷方式顯得更具有私密性和精準性。借助大數據和 LBS 技術，用戶個人的重要性已經提升到前所未有的高度。個性而專屬的行銷內容更易得到用戶的偏愛。同時，也因為具有個性化的行銷，產品「定制化」的過程能夠讓用戶產生「尊貴」的感覺，提高其消費體驗，更易培養其用戶的忠誠度。

（2）內容行銷的四個原則，即「趣味化、價值化、故事化、豐富化」。

◆「趣味化」原則

在這個信息爆炸的時代，若不能在第一時間吸引用戶的眼球，那麼你的行銷信息就會被淹沒在互聯網資訊的汪洋大海之中。當前，社交媒體用戶最愛看的內容當屬帶有娛樂屬性的內容，「娛樂至死」便是對大多數社交媒體用戶所持這種娛樂心態的最佳註腳。從這個角度來講，行銷內容應當是生動有趣的，甚至是泛娛樂化的。為使企業傳播的內容得到更多的關注與分享，在企業內容創作的開始，就要注意遵循「趣味化」原則。緊緊把握用戶這一情感成分，創造「趣味化」的傳播內容，增加社交媒體平臺上與用戶的趣味化溝通。值得注意的是，企業在和年輕人溝通時，年輕人是非常反感「說教型」的溝通方式，他們喜歡有趣的、幽默的溝通方式。

趣味化的內容行銷：M&M 椒鹽脆餅口味案例

遊戲化的機制給了消費者傳播品牌的機會。當消費者在遊戲中有所收穫，便會自發地在自己的社交圈中進一步分享，逐漸擴大影響的範圍。在實際的應用中，遊戲化呈現的形式更為廣泛。既可以是簡單製作的線上小遊戲，也可以更為複雜一些，如設計開發與品牌相關的手機遊戲、應用等，更不乏將遊戲化理念運用於現實生活的成功實踐。

著名的巧克力豆品牌 M&M 在推出椒鹽脆餅新口味的時候，別出心裁地玩起了「大家來找茬」的遊戲。規則很簡單，即從平鋪了各色巧克力豆的頁面中找出一塊隱藏其中的椒鹽脆餅。就是這麼簡單的遊戲理念和遊戲規則，讓

M&M 的 Facebook 主頁在短時間內迅速獲得超過 25,000 人點讚、6,000 多人次分享以及超過 11,000 條評論！可見，遊戲本身並不強調特別複雜的機制，能讓消費者從中感受到簡單的樂趣，才是制勝之道。

資料來源：艾熙麗. 行銷智庫，2015-04-20。

◆價值化原則

內容一定要有價值。對消費者而言，內容是和產品或品牌相關的信息，或是高質量、對購買決策有幫助的信息，或是有趣味的信息。總之，內容對消費者來講一定是有價值的，否則難以讓他們主動搜索和傳播。社交媒體更傾向於對用戶進行理性的、長期的內容教育，通過他們的記憶和分享，增加其對品牌的黏性，最終達到提高消費者品牌忠誠度的目的。

內容到底有哪些價值？內容的價值主要表現為三類：真實價值、實用價值和娛樂價值。真實價值指的是行銷內容是可信的或是原創的。如果展示給用戶的都是空洞的、雷同的甚至是抄襲的內容，不但達不到行銷的效果，甚至還有可能會起到反作用。實用價值指的是行銷內容應當與目標消費者的需求密切相關的，為其提供信息幫助的，避免一味地流俗於心靈雞湯或低俗搞怪之類的網路語言，確保言之有物。娛樂價值指的提供有意思的故事、圖片或視頻來吸引用戶。

內容的產生：聆聽消費者需求，給予其答案。企業為了提供有價值的內容，首先要聆聽消費者需求，並給予其答案。內容行銷更多的是從給予消費者答案的角度來向消費者提供信息，從而降低消費者的厭惡感，使有價值的信息更易被其主動接受。借助社交媒體平臺，企業可以使用戶更加願意主動表達其意見或建議，同時這些來自用戶的反饋意見又能夠幫助企業提供更有針對性的內容，這就構成了一個良性循環。由於內容行銷更強調激發消費者的交互和參與，因此這種價值傳遞仍然是一個從吸引到建立關係和信任的過程。正如 Pulizzi 和 Barrett（2009）所認為的那樣，在開展內容行銷之前，行銷者需要思考消費者的真實需求是什麼，想讓消費者擁有什麼樣的體驗、期待他們採取什麼樣的行動、如何促進消費者購買公司產品或服務等。

◆故事化原則

講故事是指企業通過講述一個暗含企業或品牌理念的故事去吸引消費者，使其在品味故事情節的過程中潛移默化地接受其理念。行銷故事改變了企業或品牌與消費者的關係，雙方不再是單純的買賣關係，而是更像一種講述者與傾聽者的關係。企業的產品特性與品牌理念通過一個個精心設計的故事傳遞給消費者，達到潛移默化的引導作用，並最終轉化為真實的購買力。消費者往往比

較排斥硬性的灌輸式廣告，但很難拒絕好的故事。講故事還具有行銷成本優勢。行銷者借助講故事向消費者進行產品或品牌信息傳播，在改變消費者對產品或品牌的態度的同時行銷費用並未因此大幅增加。最後，好的故事還具有很強的衍生性。在社交媒體時代，用戶除分享好故事之外，還可能會分享他們接觸、購買或使用企業產品的體驗等信息，有意或無意地衍生出了更多的新故事，最終產生更加廣泛和生動的傳播效果。

◆豐富化原則

內容行銷裡面的內容的形式要豐富化，既要有文本、圖像，又要有多媒體素材，每種內容形式的特點各有千秋，如表3-1所示。但需要注意的是，在智能移動終端大行其道的今天，受限於手機等移動終端屏幕較小等特點，圖像和多媒體尤其受到用戶的偏愛。

表 3-1　　　　　　　　　企業內容的形式分類

內容形式	視覺化的程度	內容傳播廣度
單一的文字	差	傳播廣泛，內容分享要求低。
圖片內容	較好	傳播較為廣泛，內容分享要求較高。
視頻等多媒體內容	好	傳播廣度一般，受網路環境影響，內容分享要求高。
訊息圖	非常好	傳播較為廣泛，內容分享要求較高。

「一圖勝千言」是當今讀圖時代的特徵。企業應當盡可能使傳播的內容信息視覺化，最大化增強內容的可視性。基於社交媒體的傳播特點，企業所要傳播的內容信息，從形式上講，應當最大化地滿足用戶的視覺審美需求，契合其對內容的視覺化傳播需求，對企業所傳播的內容盡量做到易讀、易懂、易識別。從這個意義上來講，社交媒體平臺上的企業內容信息，大致可以分為四種形式：①單一的文字信息；②滿足企業傳播訴求的圖片信息；③多媒體聲像信息；④具備「一圖讀懂」性質的信息圖。

內容類型應當形式多樣、豐富多彩。企業自主創造的任何形式的體現品牌信息的作品，包括文本、圖像及其他多媒體素材都可以統稱為「內容」。即內容是信息本身，且有不同的表現形式和載體。具體而言，內容既包括企業在自有媒體在企業網站上發布的視頻、博客、攝影圖片、網路研討會、白皮書、電子書、播客等有市場推廣作用的網頁組成元素，又包括企業在自有媒體之外，如免費媒體上發布或形成的內容。在社交網路中得到最多分享的內容往往有一個共同特徵：它們利用一些精心放置的圖片提升內容的吸引力，並突出了其中

的某些要點，它們結合圖像與少量的文本來解釋一個主題，並提供調查研究的統計信息或數據。在確定內容的形式時應把握如下四個要點：一是文章應短小精悍且多採用展現效果好的圖片、視頻等；二是內容多以講故事的形式展現，故事要有趣、動聽；三是命名一個吸引眼球的標題並優化內容的關鍵詞，提高內容被搜索到的機會；四是把用戶放在第一位，增加內容的互動性、鼓勵內容的轉發。

4. O2O 的內容互動

社交媒體環境下的企業內容傳播，在充分考量和甄別不同用戶的社交方式、社交類應用特點的基礎上（見表3-2），也應顧及企業線下的相關市場行銷活動。整合行銷傳播理論告訴我們，企業的整體宣傳推廣應該以「一個統一的聲音」來面對大眾。鑒於社交媒體的互聯網線上傳播的特點，在具體的內容創作和載體形式上與互聯網線下的企業活動應有一定的不同，但基於企業整體傳播形象而言，其推廣活動應該在內容上具有一定的互動性。這個互動性主要是指企業的內容在傳播過程中應當整合線上與線下的內容主題，以整合統一的信息傳達給用戶，具體體現在活動主題的一致性，呈現形式的差異性和用戶參與的連續性。

表3-2　　　　　　　　常見社交類應用的特徵分類表

社交媒體類型	社交應用特點	內容傳播特點	用戶社交習慣	企業內容傳播策略
社交類網站	試圖認識更多的朋友，維持當前的人際關係。	偏重人際傳播；社群分類相對明顯；用戶之間大多基於一定的關係基礎，多是基於線下熟人關係鏈的在線內容交互。	發布照片；發布/更新狀態；發布日誌/評論；分享/轉發信息等社交基本功能；各功能使用並無明顯差異。	內容傳播多基於不同的社群興趣點，把握不同社群的話題興趣點，著力經營內容傳播的深度；吸引用戶參與到內容設置的互動過程中；針對不同的社群用戶創作差異化的內容信息。

表3-2(續)

社交媒體類型	社交應用特點	內容傳播特點	用戶社交習慣	企業內容傳播策略
即時性通訊工具如騰訊微信	建立與他人的即時性在線溝通。	多是基於已知熟人關係鏈的在線內容交互，內容傳播與分享的實時性最強。	文字溝通內容；語音溝通內容；微信朋友圈；群聊天內容；訂閱微信公眾號；基於微信內容的用戶支付等。	高度契合用戶的聊天內容；生產大量與聊天話題關聯性較強的企業內容信息；選擇不同社群易於接受的發布形式與方式；實時高效的與用戶進行高質量的內容互動；給予用戶足夠的激勵與跨平臺傳播機會；等等。
微博	通過用戶間「關注」與「被關注」所形成的內容傳播網路。	偏重大眾傳播，社群分類較不明顯，用戶大多為了獲取感興趣的資訊，內容傳播呈明顯的蒲公英式，即累積到一定的數量後，瞬間擴散，內容傳播的途徑可溯源。	關注大眾輿論的新聞熱點話題；關注感興趣內容的用戶帳號；用戶主動發布/分享/轉發內容信息；發布照片；收聽收看音樂或視頻；等等。	著力經營企業內容的傳播廣度；設置大眾化的社會化媒體內容互動活動；通過不同的內容興趣點，尋找和沉澱出企業的不同用戶群體，借助其他社會化媒體平臺的內容細分增進用戶對內容的持續關注與分享；階段性分析內容的傳播路徑與效果，用於改進企業與用戶的互動程度及內容的傳播；等等。

(1) 互動時機與頻率

Nisa Schmitz (2012) 研究 Facebook 行銷時指出：企業每天應該兩次展示其產品信息，以保持和粉絲的良好關係，每周要展示四次圖片以及狀態鏈接等其他多種內容。在實際操作過程中，用內容日程表來把握內容傳播的時機和頻率的方法值得借鑑。內容日程表，也稱為編輯計劃，它規定每天、每周、每個月甚至每一年的內容數量和發布時間，保持內容的連貫性，便於內容的管理。儘管不同產品的內容發布時機和頻率不可一概而論，但是平衡好內容傳播時機和消費者接受度兩者之間的關係卻十分必要。

(2) 共同創造

企業在社交媒體的內容傳播過程中，應該始終將企業所發布的內容與用戶

共同參與、共同創造。企業內容基於社交媒體平臺的傳播實質是一種環環相連的連續的用戶體驗服務，這種服務在很大程度上要求企業能夠通過一定的內容策略，在吸引用戶關注的基礎上，構建企業與用戶在社交媒體環境下的討論、參與和分享，激活用戶對企業內容的進一步創造，形成企業的社會化傳播。

（3）持續發酵

基於社交媒體自身「用戶創造內容」和「消費者主導媒體」的特點，在社交媒體平臺上，要持續發酵企業所要傳播的內容，則必須在堅持以用戶為中心的前提下，不斷持續的服務該內容的參與、討論與分享。企業與用戶從某一共同感興趣的點開始，基於各自所傳播的內容與知識，共同討論、深化發展和持續發酵企業發布的內容。當然，企業與用戶在這一共同的內容創造過程中，應當始終處於平等的話語權地位，這是社交媒體不同於以往傳統媒體而賦予用戶的高度參與體驗。

案例：奧迪的內容行銷

奧迪在 Instagram 上的內容行銷。Instagram 是一款支持多種平臺的移動應用，允許用戶在任何時間、地點抓拍下自己的生活記憶，選擇圖片的濾鏡樣式，一鍵分享至 Facebook、Twitter 或者新浪微博平臺上。不僅僅是拍照，Instagram 在移動端融入了很多社交元素，包括好友關係的建立、回覆、分享和收藏等。奧迪不像其他的品牌商家那樣，以廣告和推銷活動為主的圖片展示方法來運用 Instagram，奧迪用的每一張圖片都是精挑細選出來，並結合品牌的特性和車款的故事來發布，每一張圖片下面都有一段文字，描述一個令人著迷的故事。文字簡短而生動，粉絲可以在短短幾分鐘之內讀完，並且會被奧迪公司深厚的文化底蘊所吸引。同時，奧迪也會運用 Instagram 獨有的濾鏡、標題文案和標籤來吸引粉絲的關注。例如，發布一款新車的時候，它會人性化地聯繫用戶和他的「Say Hello」打招呼，然後再簡單介紹一下這款車。奧迪還會根據車款和圖片的風格，附上不同的標題文案來展示不同車款的特性。其次，用戶自己拍攝日常生活中的奧迪產品，編輯自己的故事，並且形成口碑傳播，和商家進行互動。除了日常的汽車圖片分享外，奧迪還會舉辦一些互動活動來提高粉絲的參與度。例如，在 2012 年 8 月的一個慶祝活動中，奧迪的粉絲數達到 10 萬。奧迪讓粉絲上傳自己的奧迪產品的原創圖片，然後選出最受歡迎的照片並製作成電話保護殼送給粉絲。活動舉行一周有接近 1,000 名粉絲的參與。利用 DIY 的方式，極大地調動了粉絲的參與性，起到了很好的行銷效果。

(四) 社群營運

　　社群營運指的是消費社群的建設與經營。飛速發展的互聯網尤其是移動互聯網讓人們得以跨越時空的約束而自由地連接起來，人們的生活又重新迴歸「部落化」，這就導致了各種層出不窮的社群，如果該社群恰好具備商業價值、可以實現產品銷售，那麼我們就將其命名為「消費社群」。在一個消費社群內部，成員通過共同的價值觀或喜好走到一起，找到認同與歸屬；同時，打上本社群「烙印」的產品，則將被他人尊重的需求以商品化的形式物化出來，再經由購買行為得以確認。當前人們的價值觀日趨多元化，他們需要找到同類、需要刷出「存在感」。

　　目前在行銷界，幾乎已經成為共識的是：在互聯網時代，消費者的話語權越來越大，傳統消費理念、傳統品牌塑造的方式明顯受到挑戰。在消費者主權時代，社群有可能彌補傳統客戶關係的裂痕，而新社群層出不窮，消費者社群化將是解決消費碎片化的路徑。海爾公司率先在社群營運方面進行了探索。在工業時代，員工與企業屬於層級關係，用戶與企業屬於企業主導關係，與各方面的合作方更是處於博弈狀態。進入信息時代，海爾的張瑞敏看到整個生態系統中的元素關係發生了變化，提出網路化戰略，率先提出了「外去中間商，內去隔熱牆」的號召。這種轉變，可以概括理解為：對內，史無前例地推行「組織社群化」變革，就是希望能先把堅固的金字塔打碎，成為網狀，以節點帶動僵化的組織邊界的延展；對外，則推行主動地構建和培育「用戶社群」，重新構築與用戶之間的連接方式，形成有交互與黏性的用戶生態圈，把產品和服務放到離消費者最近的地方，而不是傳統的廣告侵入。

　　其實，與「消費社群」類似的一個概念叫作「品牌社群」。下面讓我們先來回顧一下什麼是「品牌社群」，它具有哪些特徵。

1. 消費社群的前生——品牌社群

　　Muniz 和 O'Guinn（2001）指出，品牌社群是一種建立在某一品牌愛好者之間結構化社會關係基礎上的、特定的、不受地域限制的社區。品牌社群有三個類似於「傳統社區」的基本特徵，即共同意識、共同的儀式和傳統以及責任感。共同意識是一種集體意識，它是指社群成員彼此間存在固有的聯繫，並和社群以外的人相區別。儀式和傳統是重要的社會過程，品牌和品牌社群的意

義在品牌社群中通過共同的儀式和傳統得以複製與傳遞，社群所共有的歷史、文化和意識也因此得以傳承。責任感是指社群成員感到自己對整個社群和其他社群成員負有一定的責任或義務。Muniz 和 O'Guinn（2001）的品牌社群概念反應的是以某一品牌為中心的社會集合體，強調的是基於對某一品牌的使用、情感和聯繫而形成的消費者與消費者之間的關係。

　　消費社群和品牌社群的區別：無論是消費者自發成立的品牌社群，還是品牌所有者（企業）主導設立的品牌社群，都是「先有品牌，後有社群」；而消費社群則正好相反，它是「先有社群、後有品牌」，當然也不排除有少數的消費社群最初是以某個社群發起人的品牌來聚攏人氣，但其後往往是社群產生或引進了更多的品牌。品牌社群往往是由品牌所有者企業來創立或主導，而消費社群的主導權則是消費者。最後，品牌社群對企業最大的貢獻是維繫或提升顧客忠誠度。在顧客忠誠度越來越難維繫的今天，對企業而言，消費社群的主要作用是促進產品的銷售。兩者之間的主要區別如表 3-3 所示。

表 3-3　　　　　　　　　品牌社群和消費社群的主要區別

區別	品牌社群	消費社群
品牌與社群誰在先	先有品牌，後有社群	先有社群、後有品牌
主導者	通常是品牌所有者企業	社群成員——消費者
對企業的作用	維繫顧客忠誠度	促進消費

　　越來越多的企業已經意識到了消費社群的重要性，羨慕每次蘋果公司發售新產品之前，專賣店外都有成百上千人排隊等候的「果粉」們。然而，到底如何創建並經營好一個消費社群呢？總結起來主要從以下三個方面入手：以興趣聚人、以觀念選人、以利益黏人！

2. 以興趣聚人

　　以共同的興趣為開端聚人——人以類聚，物以群分。一個消費社群的創立往往是某個或某幾個創始人基於對某件事情的強烈興趣而自發地圍繞如何做好這件事情去吸引和聚集了更多擁有相同興趣的愛好者。當然產生這個興趣的事情可能來自於許多方面，它可能是基於工作、交友、學習、宣傳、生活等各種事情的需要。

　　要想讓一個消費社群吸引成員、聚集人氣的秘訣之一就是連接！通過共同的興趣愛好來打動人、連接人。讓社群成員們參與到社群活動組織甚至是社群

的管理營運。中國有句俗語，叫作「遠親不如近鄰」就是「連接」的生動註腳！就算你們是親戚，但你們如果平時聯繫很少，那麼親戚也會疏遠；反之，雖然你們只是鄰居，但你們如果經常在一起互動——連接，共同參與一些活動，聯繫緊密，那麼你們的關係會比普通的親戚還親密。

　　例如，酣客公社的創建者王為是個70後，曾做過兩年的國企幹部，之後下海經商，已在商海打拼18年，自稱是「一流的酒鬼，二流的老板，三流的作家。」但在酣客公社的粉絲眼裡，他是圍棋極客、書法極客、汽車極客……酣客公社最初就是王為的酒廠，和白酒極客共同組建的。王為經商十幾年，曾經一度非常厭惡自己，這個行當太多的爾虞我詐。剛開始王為以為酣客公社只是個賣酒的平臺，後來發現它聚集了一群有理想、有追求的人，蘊藏了一種顛覆性的商業模式。後來他們組織了第一個酣客的微信群，做了一個微信公眾號。最初就是讓大家對白酒建立認知，就是讓每一個喝酒的人變得熟悉酒、精通酒，不再被傳統酒企洗腦式忽悠。三四個月之後，酣客公社自然匯聚了一批中年企業家。酣客公社的線下活動很多。酣客公社總社做的就是粉代會（酣客粉絲全國代表大會）、酣客節（中國酣客節）。各地的「酣友匯」則是酣客粉絲自發結合的聚會，頻次很高。

案例：羅輯思維——一群愛讀書的年輕人

　　羅輯思維是目前影響力較大的互聯網知識社群，包括微信公眾訂閱號、知識類脫口秀視頻及音頻、會員體系、微商城、百度貼吧、微信群等具體互動形式，主要服務於80後、90後有「愛智求真」強烈需求的群體。微信公眾訂閱號「羅輯思維」語音，每天早上六點半左右發出，365天全年無休；視頻節目每期50分鐘，每周四在優酷網播出，全年48期。

　　羅輯思維的口號是「有種、有趣、有料」，倡導獨立、理性的思考，推崇自由主義與互聯網思維，凝聚愛智求真、積極上進、自由陽光、人格健全的年輕人，是國內微信行銷的典範《羅輯思維》的價值觀：有種有料有趣在知識中尋找見識！

　　羅輯思維有著自己明確的定位，定位於微信多數用戶85後，專注於「愛讀書的人」，志在凝聚愛智求真、積極上進、自由陽光、人格健全的年輕人。網路了一群「愛讀書」的年輕人後，羅輯思維又將自己的會員進行了分類。在招募會員時，羅輯思維要求一定用微信支付費用，其他支付工具一律不許可。經過篩選後，羅輯思維會員的特徵就愈發明顯了：對知識性產品有發自內心地熱愛；會員彼此信任；會員有行動的意願且真能付出行動。

◆死磕自己獲取信任。《羅輯思維》死磕精神的最典型體現是每天早上6點半的60秒語音。很多人無法理解為何非要60秒，但在羅振宇看來，60秒代表一種儀式感，代表對用戶的尊重，通過死磕和自虐獲得用戶發自內心的尊重與信任。電視臺在錄節目時，通常會有提詞器，但《羅輯思維》絕不這麼做。羅振宇要完全採用純脫口秀的方式來進行講述，節目充滿強烈的對話感，出現錯誤就立即從頭重錄，每期不到一小時的節目通常都要花8~10小時才能錄製完成。

◆情感共鳴黏住用戶。第一次做線下活動時，《羅輯思維》設置了兩個特殊環節。第一個環節是愛的抱抱。該環節鼓勵人們表達自己的真實情感，結果演講結束後一群年輕人衝上臺去擁抱羅振宇。第二個環節是設計兩個箱子：一個名為打賞箱，一個名為吐槽箱。如果對活動滿意可以進行不限金額的打賞，如果對活動不滿意可以寫下意見以助改進。在日常的營運中，羅輯思維的創始人團隊長期堅持親自在微博、微信及客服系統中給用戶回覆意見，解決客服問題，與用戶進行直接互動。「為什麼我們能夠感動這些用戶呢？在中國有太多的年輕人活在體制裡、活在組織裡，他們希望享受互聯網帶來的自由連接，讓他們可以平等、可以去分享、可以去創造、可以去自由。我們幫助用戶打開這樣一扇窗，在我們跟用戶之間建立真實的連接。」

◆社群思維連接品牌。在互聯網時代，連接的成本迅速降低，每個人都可以成為一個具有高連接力的節點，價值將越來越快地迴歸到個人。在很多創新領域，魅力人格都將戰勝龐大的傳統組織。工業社會用物來連接大家，互聯網社會要用人來連接大家。創新就必須要從物化的、外在的東西，重新變回到人的層面進行思維。因此，羅輯思維一直強調U盤化生存，「自帶信息，不帶系統，隨時插拔，自由協作」。羅振宇將傳統的品牌建設與「勢能思維」分別比喻為「塔」與「浪」。他認為：「工業社會一直在造塔。品牌就是塔，因為地基堅實，不會改變，只要有錢、有時間，你就能造出塔來；移動互聯網時代，我們只能造浪，因為水無常形，急遽變化，我們只能像造浪機一樣，不斷掀起新的浪潮。」基業長青是工業時代的理想，移動互聯網時代不會再有長久的商業勢能，勢能呈現出「浪」的特徵。所以，「勢能」本質上就是被連接的可能性，「勢能思維」就是造浪的能力，這種能力的養成需要跨界協作。

◆價值認同的付費會員。羅輯思維與其他自媒體、互聯網產品最大的差異在於，除了數百萬用戶，羅輯思維還建立了一個由數萬人組成的付費會員群體。這個群體成為羅輯思維不斷擴展事業邊界的核心力量。而且在每年只開放一次招募會員，明確宣布羅輯思維會員群體最終上限為10萬人，絕不擴大。

在每次招募會員時，羅輯思維都不承諾任何的會員物質回報權益，會員更多的是秉持「供養社群」與「價值認同」的理念來支付會員費，羅輯思維會員群體是一個以價值觀為基礎的創業和知識社群。

3. 以觀念選人

大多數消費社群成員有三種類型：一是烏合之眾，二是有精神寄托的成員，三是有物質連接的成員。消費社群的創建者們都希望能把各自的社群建設成有價值觀、有社群精神和具有商業價值的心靈家園。顯然，僅有烏合之眾的社群是不具有商業價值的，甚至不可能成為消費社群。同理，一個有著過大比例的烏合之眾的社群其商業價值也是有限的。當然，一個社群在其發展初期為了聚集成員，難免會出現大量的烏合之眾，但一個好的消費社群通常會從粗放的籠統聚集到優化精簡，其社群成員關係自然也就從弱關係走向了強關係。那麼如何才能從大量的社群成員中篩選出有精神寄托或物質連接的社群成員呢？答案是：以觀念選人。

（1）從興趣相同到價值觀共識

興趣是價值觀的最低級的一種形式，也是最不穩定的一種形式，容易隨著時間的流逝而改變。反之，信念則屬於價值觀中較高級和穩定的形式，信念一旦形成就可以保持較長時間甚至終生。大多消費社群在其初期都是憑著「興趣相同」來聚集成員。當社群成員集聚到一定數量之後，社群創建者或經營者就不得不考慮一個問題：如何在形形色色的社群成員中篩選出真正認同社群精神和具備共同信念的核心成員呢？美國漢堡王粉絲群的做法可以給我們一些有益的啟示。美國漢堡王粉絲群有 35,000 人，但群的活躍度卻不高。漢堡王做了一個活動：如果粉絲從群裡退出去，就送他一個漢堡。本來就很難買漢堡，退出群去還給你一個漢堡，粉絲們紛紛退群，最後只剩下 8,000 人。這 8,000 人是送他漢堡也不退出群的人，這就是漢堡王的「腦殘粉」，結果漢堡王的社群活躍度增加了 5 倍。

（2）設定社群規則——沒有規矩，不成方圓

群有「群規」。群內的「宗教」儀式向其成員傳遞了這樣一種觀點——我們和別人就是不一樣。創建一個消費社群，首先要制定一個具備鮮明價值觀的社群營運規則，不同的消費社群規則不盡相同，要在不同中找出相同之處。但其有共同點：規則明確，容易記憶。如一些社群裡會規定在一個固定的時間，做一些規則固定的事情，可以是分享、對某一話題的討論甚至是交易，總之，讓社員覺得有個屬於社群的時間；這個類似於「宗教」的儀式和習慣可以強

化社群成員對社群的歸屬感。

（3）多中心與自由——社群始終只是一個「社群」

企業需要謹記的是：社群成員不是哪個公司的員工！總有企業在消費社群建立（或自發或倡導）起來之後，試圖把它掌控在自己手中，然而，很快他們就會發現，事情的結果往往事與願違。不要試圖控製你的消費社群！如果完全把它控製了，那麼它就不再是一個「消費社群」了，因為「消費部落」的核心屬性之一就是「自由」。

（4）選擇合適的激勵方式

自助激勵，用戶尋找屬於自己的社交激勵。社群作為相對鬆散的組織架構，缺乏外在的薪酬和晉升的獎勵機制，自助激勵的重要性就更加突出。在社群中，用戶的自主激勵有著天然的優勢，在用戶之間進行類似於「他能做到我也同樣能做到」這樣的比較帶來的激勵相比陌生人之間更大。自主激勵的實現，依賴於用戶能否在產品中樹立屬於自己的目標。社群激勵與設計遊戲一樣，都需要尋找一個有趣的目標或角度來吸引用戶參與，都需要在過程中設計一些「誘惑式」的元素讓用戶逐級深入，都需要用戶在其中尋找情感共鳴從而產生長期依賴，都善於深入體察目標用戶的心理動機，為其提供心理滿足。

4. 以利益黏人

社群的核心是人與人連接，得益於互聯網，社群進一步促進了人與人之間的連接。然而，天下熙熙皆為利來，天下攘攘皆為利往，社群成員願意加入並且長期留在社群，必須給他一個理由，那無非就是一個「利」字。社群成員因為「利益」而連接到了一起，總結起來，主要有四種利益。

（1）信息利益連接

信息利益表現為最基礎的信息層面的連接，如人和人的語言溝通與交流表達。人與人之間從陌生到熟悉、從熟悉到成為朋友等，都要在最基礎的信息層面進行連接，尤其是有了移動互聯網之後，人們之間的連接也變得非常便利。

（2）情感利益連接

每個人都需要情感，如我們和自己身邊的父母、兄弟姐妹、同學、同事等都有著或深或淺的情感，這種情感連接通常較為長久，可以持續數年甚至數十年。很多消費社群會在社群裡面著力營造一種「家的感覺」——輕鬆、簡單、溫暖。社群成員參與社群活動通常是在下班之後的業餘時間，他們需要的是一種區別於工作環境的社群環境——放鬆和簡單的環境，而不是像上班那樣嚴肅認真。

（3）物質利益連接

這裡指的是物質利益的連接，如公司把人組織在一起，就有利益的連接，比如群裡面經常會發一些獎勵、優惠等。大多數人都厭倦一成不變的生活方式，消費者都是善變的，所以，社群營運者要不時地為社群成員「製造驚喜」——提供的價值超越他們的期望，從而牢牢地抓住社群成員的注意力。

（4）觀念利益連接

觀念利益連接是更高層面的連接。這個影響可能更為長久，這有些類似於宗教信仰。

5. 社群營運的一些技巧

● 在增長期，利用持續的、低門檻的活動讓新用戶駐留。
● 讓用戶上癮，每天都想來看看有沒有什麼有趣的活動。
● 活動規模寧可小，也不可貪大而失控。
● 社群可以作為一個擴音器，將社員產生的有益的內容放大，鼓勵用戶參與。
● 熱情、誠懇、快速響應。
● 絕不和社員爭吵，敢於認錯和道歉。
● 嘗試一些「錯誤」的方法。經驗為我們通向成功提供了指導，但是太多的「不應該」「要避免」也成了我們的束縛。有時候，權衡就意味著會錯過機會，對錯不重要，快速的執行才是關鍵！換一個角度來看，「對」的事情大家都在做，要想出奇招，就需要「明知不可而為之」。做錯的事情，反而有可能達到目標。
● 想賺錢就要大聲說出來。《烏合之眾》中指出，當單個的人聚集為群體後，就會表現出極不穩定性。社群規模越大，危險指數越高，而「賺錢」則為累積情緒找到了出口，從而降低風險。因此，任何性質的社群，在發展擴大階段，提出「賺錢」的口號，便會既給自己謀求了利益又規避了風險。從這個意義上來講，企業已經具備了做大社群的天然優勢。因為大家都知道，在賺錢的同時，也該瞭解社群行銷是企業長期的品牌行為，不需要直接帶動銷售。

小米手機的「米粉」社群營運案例

小米科技創辦於 2010 年 4 月 6 日。經過五年時間，小米手機（MIUI）在 2014 年中國智能手機市場份額中占據第一，全球排名第五（IDC 數據）。截至 2015 年 2 月 13 日，MIUI 用戶已經突破 1 億。是什麼原因成就了「小米奇跡」？

◆打造線上社群——小米發燒友。在做小米手機系統時，雷軍下達了一個指標：不花錢將MIUI做到100萬用戶。於是，主管MIUI的負責人黎萬強只能通過論壇做口碑：到處泡論壇，找資深用戶，幾個人註冊了上百個帳戶，天天在手機論壇灌水發廣告，精心挑選了100位超級用戶，參與MIUI的設計、研發、反饋等。借助這100個超級用戶的口碑傳播，MIUI迅速得以推廣。

據說當時雷軍會每天花一個小時回覆微博上的評論，即使是工程師也要按時回覆論壇上的帖子。據統計，小米論壇每天有實質內容的帖子大約有8,000條，平均每個工程師每天要回覆150個帖子。而且，在每一個帖子後面，都會有一個狀態，顯示這個建議被採納的程度以及解決問題的工程師的ID，這給了用戶被重視的感覺。這些活躍的發帖者，就成了日後小米手機的發燒友。他們主要是MIUI的核心用戶，基於對MIUI系統的認可，參與MIUI的改進，之後成為小米手機的第一批種子用戶。在MIUI用戶中屬於內容的貢獻者和意見領袖，是小米的第一批傳播者，他們對小米團隊非常認可。這一批發燒友也是小米社群的意見領袖，由他們帶動了周邊的一大群人，形成了小米粉絲。

小米粉絲是小米的忠實擁護者，對小米有高度認同感，是小米線上、線下活動的組織者。他們提供品牌創意，是真正讓小米產生影響力的傳播者和負面輿論的反擊者。從情感上，他們覺得小米能給他們帶來歸屬感、集體榮譽感，作為組織者不僅鍛鍊能力還能認識更多朋友，對個人成長有幫助。介於發燒友和普通用戶之間的是普通米粉、非意見領袖，但經常逛論壇，對產品相關的動態持續關注，活躍於線下俱樂部、同城會，是小米用戶的主體成員。最為中立的傳播者，深度用戶獲得了一個很方便的線上、線下交友平臺，對大部分人而言填補了業餘生活的空白，小米是生活的一部分，類似大學參加社團。

小米線上社區為不同層次的粉絲群提供了便捷的信息交流、活動組織平臺。作為線下活動的內容延伸和補充，管理者也通過論壇收集用戶反饋，在幫助改進產品的同時也增強了粉絲的參與感。

◆線下活動互動。小米有一個強大的線下活動平臺「同城會」。小米官方則每兩周都會在不同的城市舉辦小米同城會，根據城市用戶的多少來決定小米同城會舉辦的順序，在論壇上登出宣傳帖後用戶報名參加，每次活動邀請30~50個用戶到現場與工程師做當面交流。這極大地增加了用戶的黏性和參與感。產品定位：「為發燒而生」的設計理念、線上銷售模式、饑渴行銷。

小米通過官方物資支持、民間志願組織等形式，給米粉提供一個線下社交平臺，塑造集體文化。這些線下社交平臺主要有三種形式。一是MIUI俱樂部。基於地域（以市為單位）在各地成立俱樂部，定期組織線下活動（MIUI主題

交流、其他融合活動），由俱樂部部長組織，小米提供物資支持（禮品、場地等）。俱樂部部長由粉絲自願申請產生，有嚴格申請機制，無報酬。二是小米同城會。同樣以城市為單位成立，規模較大，組織形式、內容與MIUI俱樂部類似，但受眾更廣，線下活動更大眾化。三是小米爆米花。小米爆米花是小米官方組織的大型線下活動，包括抽獎、遊戲、才藝、互動等多個環節，小米聯合創始人也會到現場與米粉們一起互動。

◆2015年「米粉節」——手機銷售吉尼斯世界紀錄是如何誕生的？

2015年4月8日的米粉節，小米創下的令人瞠目結舌的成績：8分30秒破億元，1小時3分51秒破5億元，2小時56分19秒破10億元，截止到4月8日晚上23：00，米粉節總支付金額突破20.8億元，售出手機212萬臺，創造了小米線上銷售成績之最。同時，小米公司還成功地挑戰了「單一網上平臺24小時銷售手機最多」的吉尼斯世界紀錄！那麼這些看似不可思議的行銷奇跡是如何一步步實現的呢？

微博預熱

在微博上小米的預熱週期為兩周。在微博上預熱時，主要採取的措施如下：

3.25　正式啓動米粉節預熱；

3.26—3.30　每天預熱一款新品，採用海報猜縮寫字母的形式，鼓勵粉絲互動參與猜新品名稱；

3.31　米粉節新品發布會，推出5款新品，小米4降價200元。

另外，預熱期間還做了如下活動：

（1）發布米粉節活動；

（2）雷軍老家仙桃小米之家開業；

（3）宣布小米路由器降價100元；

（4）小米平板降價200元，發布米粉節攻略；

（5）米粉節正式啓動。

微信推送

小米手機（服務號）將一個月四次的推送機會，放在了最關鍵的4月7日和4月8日兩天。其餘機會也是集中在了4月8日粉絲節的當天進行推送。小米公司（訂閱號）從4月起，每天頭條都在開展力推新品活動。

論壇播報

許多手機端活動頁面的詳情鏈接都會鏈接到小米論壇，在小米論壇上有專門的消息及攻略匯總貼。活動當天組織各種猜銷量送禮品的活動鼓勵粉絲互

動，並及時播報消息，很好地起到了維護核心粉的作用。

小米之家

推出小米服務感恩月活動，包括可以上門取件、免費深度保養（清洗、檢測與貼膜）等活動。在米粉節開幕當天，推出小米 5 年感恩有禮主題的搶紅包、塗鴉、拳王爭霸賽等線下活動。

小米網

在預熱期，有小米商城優惠券活動預熱，方式有在線手心手背、搖爆米花等（1,930 萬人參與）。活動當天每小時有聯合商家送優惠券的活動，宣稱共 1.5 億元，從而提高了網站流量（全天 1,460 萬人訪問）。

媒體傳播

3 月 29 日《財經》宋瑋的深度文章《解密小米》發表，以及小米各個頭條事件的報導及解讀。4 月 9 日舉辦媒體溝通會。

幕後工作

即時公布銷售數據，做好粉絲互動和媒體溝通。物流保證：「雙十一」小米做到了 72 小時全部發貨，米粉節上的訂單數幾乎是 2014 年的兩倍，但小米與物流的合作能力經受住了考驗。當時的數據是：12 小時發貨 50 萬單，9 日 11：30 發貨 100 萬單。

第四章 匹配

社交媒體行銷中的匹配主要指三個方面，即匹配成員、匹配平臺和匹配產品。

（一）匹配成員

社群成員加入某個消費社群的動機雖然不盡相同，但歸根結底，成員加入社群的理由無外乎社群能夠給他們提供價值。那麼匹配成員的核心就在於找準他們所看重的價值，並提供與其匹配的東西。

1. 社群成員看重的價值

社交媒體行銷成功的關鍵在於瞭解消費社群的消費者的價值所在。傳統的行銷觀念集中在顧客與產品或者企業之間的關係，而社交媒體行銷著眼於顧客與顧客之間的互動關係。消費社群的形成是建立在基於價值核心而形成的消費者與消費者的關係群體之上的。消費社群是一種特殊的關係網路。在這種特殊的關係網路中，消費者不僅與企業之間保持良好的關係，而且消費者與消費者之間也表現出十分密切的關係。社交媒體行銷的關鍵在於通過消費社群的建立為消費者提供相應的價值來開展行銷活動。消費者在參與消費社群的過程中感知到的那些價值總結起來主要有三個層級：

第一層級是功能價值，即社群能提供的各種信息及實惠價值，如社群能提供的產品和服務。該功能價值要麼與工作或學習相關（如提供培訓的機會），要麼可以用較低的價格購買到產品和服務（如各種嬰兒母親群裡面提供的嬰幼兒產品）。

第二層級是情感價值，即社群能滿足其成員的各種興趣愛好需求，從而給社群成員帶來快樂的價值。需要指出的是，這種興趣和愛好通常是和工作沒有

相關性的，純屬成員們的個人業餘愛好，它通常和情感相聯繫。

第三層級是信念價值，即社群成員均認可社群所倡導的信念或價值觀給其帶來的價值。

第一層級的功能價值是比較低級的價值，它往往和物質利益相聯繫，其維繫時間通常不會太久且容易發生改變；第二層級的情感價值比功能價值要高級一些，它與情感聯繫緊密，維繫的時間要相對長一些；第三層級的信念價值是最高層級的價值，它與價值觀相聯繫，通常維繫時間很長且不容易發生改變。

2. 價值的最高境界——價值觀

價值觀是指個人對客觀事物（包括人、物、事）及對自己的行為結果的意義、作用、效果和重要性的總體評價，是推動並指引一個人採取決定和行動的原則。標準價值觀作為一種思想體系，具有層次性。

第一層次的價值觀是人生觀和世界觀。即：人對於人生和世界的整體觀念，人如何理解其生活的意義、如何理解自己與他人之間的本質聯繫。人生觀和世界觀統攝著其他層次價值觀的形成。這一層面的價值觀主要可以分為個人主義價值觀和集體主義價值觀。前者將世界理解為單純的個體累積，認為世界成員之間的聯繫是偶然的，人都是獨立存在的。人只需要關注自己的利益，人生活的目的就是促進個體利益的最大化。與之相反，集體主義價值觀認為世界之間是彼此聯繫的，人作為社會化的存在，相互之間是具有本質連接的。因此，人們不能只關注自己的利益。社會是一個複雜的體系，是由人們共同努力而建設的，而不是個體簡單的疊加。促進人類整體的幸福才是生活的最高價值。集體主義認為，人類整體利益是高於個人利益的，人應該具有奉獻精神。這兩種價值觀的區別造成了人與人之間的價值觀的最大差別。它們直接影響著人們對於自己生活軌跡的選擇。

第二層次的價值觀體現在基本生活方面。這些價值觀包括經濟價值觀、政治價值觀、審美價值觀、文化價值觀等。這些價值觀是人們對於主要生活方面的基本價值認識和判斷依據。這些價值觀都取決於基本的人生觀和世界觀，是人生觀、世界觀在基本生活方面的具體表現。一個人的各種價值觀之間有著內在的一致性，但這並不意味著有相同或者相近人生觀、價值觀的人們之間，對於生活各方面的價值觀念必然是相同的。由於人們在社會生活體驗、經歷、環境之間的差異，即便持有基本相近人生觀和價值觀，也會在具體生活方面持有不同的價值觀。

第三層次的價值觀是目的性價值觀。所謂目的性價值觀是指對於具體生活

情景的觀念體系，對於自己具體生活狀態的價值認識和評價。這一層次的價值觀具有明確的指向性和目的性，比如職業價值觀、友誼價值觀、苦樂價值觀等。美國著名心理學家羅克奇列舉了 18 種目的性的價值觀，包括雄心勃勃、心胸開闊、能幹、歡樂、清潔、勇敢、寬容、助人為樂、正直、富於想像、獨立、智慧、符合邏輯、博愛、順從、禮貌、負責、自我控製等。這些價值觀都直接指向事物。這種價值觀直接驅動主體的具體行為。目的性價值觀處於價值觀體系的最低層，與主體具體行為具有最強的關聯性。

價值觀的三個層次是彼此聯繫的動態體系。第一層次的人生觀、世界觀是其他價值觀的基礎，決定著主體的基本價值取向，對於第二、三層次的價值觀形成具有導向性作用，為它們制定了基本框架。每一層次價值觀都是對上一層面觀念的細化和具體化，也是對上層價值觀的表達。第二層次的價值觀也制約著第三層次價值觀。價值觀體系之內的信息傳輸並不是單向的，而是雙向交互的。當第三層次價值觀在指導行為的過程中遭遇了負面情況，或者獲得負面信息，就會將這一信息反饋到高一層次價值觀層面。比如有人認為人生的價值在於累積財富，那麼在低層價值觀中就會唯利是圖。如果在具體情景中，其唯利是圖的行為遇到了挫折，或者遭受譴責，那麼他就會對唯利是圖的價值觀進行反省。這種反省也會動搖其最基本的價值觀。這種動態的結構也使各層次的價值觀都具有調整的可能。最高層次的價值觀是整個體系的內核，它的穩定性和持久性也決定了其他各層次價值觀的延續性。就穩定性而言，從上至下也呈現遞減的趨勢。越處於高層的價值觀具有越強的穩定性。人生觀和世界觀無疑是最穩定的，改變它們往往需要漫長的過程。

案例：王瀟的「趁早」價值觀

王瀟將趁早品牌的理念定位為「Shape Your Life」——「塑造你的人生」。使用工具科學地進行身體、時間以及夢想的自我管理，最終成為期待中的自己。

中央電視臺女主播、公關公司 CEO、暢銷書作家、女性勵志偶像「瀟灑姐」、經營女性社群價值觀的自媒體創業者……與大多數自媒體人先進行項目選擇繼而開始經營的邏輯不同，「瀟灑姐」王瀟的第二次創業，是「無心插柳」，也是對既有自媒體品牌的商業化試驗。從中國傳媒大學播音系畢業之後，23 歲的王瀟進入中央電視臺，擔任《整點新聞》主播。不久之後，王瀟離開中央電視臺，去了美國安可顧問有限公司。2004 年，王瀟考入中國人民大學新媒體專業研究生。2006 年，還在讀研的她開始創業，成立了 Motionpost

（又名目後佐道）設計顧問公司。「興趣會決定她的方向，能力決定她的成就。」王瀟認為。憑藉多年繪畫設計功底和公關公司從業經驗，王瀟開始了第一次創業。彼時的她擅長計劃與拆解、熱愛細節和工具、喜歡有節制的理性的生活方式。

2002年7月，23歲的王瀟在電腦中建立了一個文檔《一生的計劃》，根據自己對於人生價值觀中重大維度的分類與排序，寫下了對自己的期待和十年時間想做到的事。之後，這一計劃修改過無數次。「一切大大小小的事，所做的一切選擇都是哲學世界觀的映射。」王瀟認為。2006年至今，王瀟都用筆記本記錄下自己的工作與生活安排，根據完成情況逐項打鉤。工作日誌隨後發展成製作精美的效率手冊，王瀟將目標量化，寫成計劃，分解步驟，「然後計算成本和進度，最後實現它。」堅持多年的習慣和自我管理方式最終進化為以自媒體為載體的商業。今天的王瀟，作為勵志偶像，擁有一個以年輕女性（18～35歲）為主體的社群，並催生出一系列以自我管理、自我決策為目標的品類。

趁早主義的來臨

2008年11月3日，王瀟30歲，她寫了一篇博客《寫在30歲到來這一天》發表在網路上。「付出不一定有回報，努力不一定有收穫。學習知識和鍛煉身體除外。這個時代的規律就是沒有絕對公平競爭，接受這一點，然後武裝自己投身到轟轟烈烈的不公平競爭中去。勇於承擔沉沒成本是出來混的第一課。」……在這篇語錄體的文章裡，王瀟以精悍犀利的方式，表達了自己對於事業、生活、感情以及女性外表的看法。僅僅三個月，這篇博文就被轉發300餘萬次，王瀟的郵箱也被許多陌生女性的來信所攻陷。這篇接地氣的文章讓不少女性「重塑三觀」，但短短的語錄無法盡釋當下女性面臨的困頓和糾結。在這篇著名博文的基礎上，結合自己身邊朋友的經歷，王瀟出版了第一本書《女人明白要趁早》，該書由臺灣暢銷書女作家吳淡如等人推薦，出版不久即銷量超過10萬冊，並常年盤踞在女性勵志排行榜暢銷書前列。奉行趁早精神的「瀟灑姐」成為不少女性心目中的勵志偶像。2011年年底，王瀟決定印製一批效率手冊給客戶做新年禮物，這一手冊囊括了她的自我管理心得和理念等。印刷廠對起印數量有要求，除了500本當作客戶禮物之外，公司在淘寶網上開了名為「趁早小店」的網店，售賣餘下的2,500本。王瀟一度笑言自己成了一名淘寶店主。然後她驚訝地發現，小店開通半個月後，在沒有做任何推廣的偶像前提下，效率手冊即已售罄。

第二年，客戶和粉絲們的反饋已經累積至千條以上，包括大眾汽車、UPM（芬歐匯川）等500強客戶的高管開始主動訂購上千本，粉絲購買也十分踴

躍。到2013年趁早獨立品牌發布之前，效率手冊銷售量已逾十萬冊，兩年來持續以倍數級增長。針對客戶需求，團隊開發了各類不同版本的效率手冊及周邊產品。2012年，在懷孕期間，準媽媽王瀟通過自己發起的「每天專注三小時」活動，號召大家「投資時間」，她自己主要用於寫作新書《三觀易碎》，通過微博直播，引發粉絲效仿；產後不久王瀟即開始塑身運動，通過漫畫打卡等方式，分享自己的塑身經驗——這為她在塑身領域研發新產品奠定了基礎。

2013年，當媽媽還不久的王瀟，出版了又一本暢銷書《三觀易碎》以及女性勵志塑身漫畫《和瀟灑姐塑身100天》。創立了女性第一勵志品牌「趁早」，並創辦了「趁早網」。「這是國內第一個女性自我管理與交流平臺。」王瀟表示。當趁早小店月均營業額達到120萬元的時候，電商單月營業額已經超過了原有的傳統公關業務營業額。王瀟認為，趁早TM品牌已見雛形，與趁早粉絲的互動也讓王瀟決定「接受使命」。2013年8月，王瀟做了一個重要的決定。「團隊決定現階段只專注自有品牌『趁早』的建設和發展。」自後佐道原有公關業務暫停，集體轉型開始。目前，趁早TM品牌擁有包括「趁早小店」「趁早網」聚眾社區以及官方微博、微信公眾號等在內的多種媒體平臺，APP也在按計劃進行中。通過定期舉辦的系列線下活動，王瀟與其由讀者轉化而來的粉絲們「相認」，增加用戶黏性和互動性，並維護其品牌信任度與號召力。王瀟還擔任了耐克、微軟等知名品牌的意見領袖。

轉型至今，王瀟發現，過去的線下執行業務是點對點的工作，而自媒體社群生意則是點對面。擁有優秀表達和思辨能力的王瀟顯然可以從後者獲益更多。「電商更有喘息機會。」王瀟坦言。過去在公關領域，再漂亮的想法也無法複製，「而且你必須在現場。」而建立在社群基礎上的電商生意，品類可以常年暢銷。社群經濟本質上是關於人的生意，粉絲可以實現自傳播。不過，以趁早小店為主要線上銷售主渠道的品類拓展並不快。王瀟承認，「趁早品牌的開始是無心插柳，開始的產品沒有經過系統考量，經過了做加法和試驗的過程。」與客戶互動調研，是趁早品牌品類拓展開發思路的來源之一，服裝品類是率先突破的領域。「我們強調身體管理，塑身成功只是一個結果，服裝是塑身成功之後的呈現，是趁早精神的二級體現。」王瀟認為。樣式簡單但對身材要求極高的白色T恤、考驗女性曲線的經典小黑裙……趁早自有品牌的服裝單品受到了粉絲們的熱烈追捧。即使是一次上線數百件的售價999元的「趁早牌」大衣，也在15分鐘內就被拍光。服裝上新款時，出於成本的考慮，王瀟自任模特，未來則希望自己逐漸淡出。她也曾考慮過外聘模特，但外請人員很難在短時間內磨合領悟到「趁早品牌的靈魂」，也往往缺乏示範效應。

王瀟開始面臨糾結，也是自媒體人在經營社群生意時普遍要解決的問題：在發展早期，自媒體創業者可以通過個人魅力凝結社群核心力量，開發與個人形象相關的衍生品。之後他們則需要將個人形象抽離出來，發揮社群的力量，通過眾包模式維持新品研發。這不是一個容易做出的決定。因為服裝品類的加入，網店客單價達到了240元，自有服裝品類的利潤率也相對可觀。「我們的印刷周邊製作上幾乎沒有遇到挑戰，因為多年物料、策劃執行等活動下來，學費已經交過了。」王瀟坦言「服裝品類在供應鏈環節挑戰最大，遭遇過行業技術壁壘，比如材料、版式、生產週期等挑戰」。王瀟表示，在服裝品類的拓展上要審慎，「目前服裝不是重點，未來也不是。」轉型之後的風險控製機制也不一樣了。「原來我們公司是項目製的公司，項目開始、項目資金到位、項目營運製作到項目關閉。」王瀟說，「現在我們會有庫存。對於電商而言，如何控製庫存，這一點十分重要。」之前王瀟只是將微信公眾平臺作為其語錄推送或商品上新的推廣渠道，之後王瀟意識到微信可以承擔更多的CRM功能。在微信中推出訂閱號的定製菜單之後，2014年2月，趁早品牌微信公眾號升級。其中一個增設的內容也是瀟灑姐的強項：每日問答。善於表達和總結歸納的王瀟，每天在此大約花費半個小時的碎片化時間，推廣趁早的價值觀，採集新品研發需求，加大用戶黏性。

　　作為自媒體創業者，王瀟目前跨入的是電商領域，但已經很難用自媒體電商來定義她所經營的價值觀生意。王瀟將趁早品牌的理念定位為「Shape Your Life」——「塑造了你的人生」。使用工具科學地進行身體、時間以及夢想的自我管理，最終成為期待中的自己。為了滿足這一深度情感需求所展開的品類研發，涉及的是更為廣闊的領域，也是王瀟面臨的新課題。未來，王瀟希望通過自行開發的APP，發展海量用戶，通過大數據，提供更好的決策工具。

3. 社群成員分類

　　根據社群成員主要看重社群所能提供的價值，可以把社群成員相應地分成三類：

（1）功能型成員

　　消費社群給這些成員帶來的主要功能價值體現在消費者參與社群的過程中通過互動來及時獲取各種產品和服務的信息，從而可以有效地降低購買成本。例如，一些會員制客戶俱樂部的參與成員可以定期及時獲得最新產品和服務的信息、獲得折扣的資格，從而降低了消費者的購買成本。具體來說，社群從三個方面降低了消費者的購買成本：①消費者享受的會員價待遇；②減少盲目購

買，保證消費的合理；③社群中的消費者團購可獲得的優惠。

（2）情感型成員

社交媒體行銷是一個巨大的情緒能量場。在這個場域中，行銷者應該充分認識到情緒的重要性，社交媒體用戶的分享、評論、轉發等行為都建立在情緒激發的基礎之上。在當前消費者的購買體驗中，對於財富和地位的炫耀逐步被「炫耀情懷」所取代，能夠彰顯自己在審美、品味、價值觀上優越感的品牌越來越受歡迎，能夠參與到品牌中來，更成為新的追求。總體而言，社群成員看重的情感有以下三類：

◆歸屬感。人的社會屬性促使人尋求組織依靠，以求心靈慰藉，這就表現為人需要通過社會交往歸屬到某個或某些的群體或組織。消費社群的情感價值通常是指社群成員通過與其他成員之間的相互溝通和交流來獲得的交往快樂、認同性表達以及由此產生的社群歸屬感。例如，某品牌車友會的會員在碰面的時候，他們之間就會因為使用同一品牌的汽車而產生一定的親切感，這種親切感類似於很多同學會、同鄉會的感受等。這是人與生俱來的族群感。

◆快樂感。在繁忙的現代社會，娛樂活動是人追求快樂和緩解生活壓力的一種需要。消費社群恰好可以為成員提供優質的娛樂需求。因此，獲取娛樂價值是消費者參與社群的另一個重要原因。當然，成員們在社群中的互動和交流本身就能夠達到娛樂的目的。例如，很多汽車車友會經常組織大型自駕遊活動，一些單車愛好者俱樂部會組織騎行活動，還有一些會員制俱樂部會定期開展各種體育比賽，這些活動大大滿足了社群成員的娛樂價值。這種娛樂價值是在消費者通過自身參與社群活動的過程中獲得的，因此往往比功能價值更重要。此外，在社群中找到有相同興趣愛好的一幫人，並且發展興趣愛好也能給社群成員帶來快樂感。

◆尊重感。馬斯洛在其「需求層次理論」中指出，社會需求是人類的高層次需求，人的社會需要主要表現為尊重的需要——自我尊重和獲得他人尊重。消費社群可以為消費者帶來一定的社會價值，滿足社群成員的尊重需求。消費者在參與社群的過程中可以提高自己的社會地位。這種社會地位的提高主要表現為集體自尊感的提升。如果所處行業屬於高消費或者品牌定位比較高端，那麼社群將提升成員的社會地位。例如，高爾夫俱樂部的會員身分、遊艇俱樂部的會員身分等都會為其中的成員提高社會地位。

（3）信念型成員

社群成員若是因為相似的信念或價值觀而聚集到一起，那麼他們就會對該社群產生強烈的歸屬感和情感依賴。認同是社群中的一個非常重要的概念，

Muniz 和 O'Guinn（2001）認為社群的最重要特徵就是群體意識，即社群認同。社群認同的產生來源於兩個方面：一是社群認同具有歸屬的感覺，二是社群認同與自我概念有關。因此，社群認同是指社群成員的自我概念至少部分地與社群表徵相一致的認識，或是一種歸屬於群體的知覺。

4. 篩選社群成員

顯然，無論是企業還是社群經營者都喜歡信念型社群成員，因為他們對社群具有最高的認同感、歸屬感和忠誠度。不過，這種社群成員總是稀缺的，在一個社群中的比例通常不會太大。那麼如何才能找到這些最具價值的社群成員呢？

（1）鎖定社群易感人群

傳統的大眾同質化市場正在分崩離析，轉而形成小眾化市場，因此企業品牌信息所需虜獲的不再是所有消費者的芳心，而是應鎖定品牌信息的易感人群，巧妙借助意見領袖的影響力實現信息的廣度和深度傳播。這裡所說的「易感人群」包括關鍵易感人群和一般易感人群。關鍵易感人群，即意見領袖。由於這類群體具有更為強烈的意願為他人提供信息，從而能在更大程度上影響他人的購買決策或傳播行為。這類群體的主要特徵是熱心、喜歡表達意見、較多接觸媒介等。而一般易感人群，即意見追隨者，主要是指關鍵易感人群周圍的親戚朋友圈以及社區社群等關聯群體。無論是在現實生活中還是在虛擬社交網路平臺中，在信息傳播的過程中都存在意見領袖這個角色。社交行銷中的意見領袖一般又分為兩類：一種是廣受認可的行業內行；另一種是具有某一領域專業知識，並且擁有信息傳播強烈意願的活躍用戶。企業在社交行銷中可借用意見領袖的影響力，以四兩撥千斤的方式來實現品牌信息的傳播。

（2）促成類宗教粉絲社群

粉絲社群也被稱為粉絲俱樂部或粉絲團，是指具有一定組織形式的粉絲群體，它以粉絲們圍繞某一對象所形成的一系列社會關係為基礎，包括以互聯網為媒介的在線粉絲社群。作為社群的一種，粉絲社群具備傳統社群的所有特徵。某些行業的典型粉絲社群更是具備一個獨有的特徵——類宗教特徵。這種類宗教粉絲社群顯現出一系列鮮明的類宗教特徵，如獨特的世界觀和信念、內部的層級組織、集會和朝聖活動等。當某些產品具有一定的思想性並融入了獨特的價值觀時，就會對粉絲產生極大的吸引力和影響力。粉絲們就會對其產生高度的迷戀並形成相關的信念，甚至將其視為自己的精神家園。例如，科幻電影《星際迷航》的粉絲社群中的粉絲們經常集會並組織各種有關《星際迷航》

的活動，在重要紀念日一起去電影拍攝地參觀和遊覽，並將此視為去他們的「聖地」進行「朝聖」。再如，「蘋果」粉絲社群也具備了這樣的類宗教特徵。在「蘋果」的粉絲當中流傳著有關蘋果公司的一系列傳奇故事，包括蘋果公司創業的誕生傳奇、喬布斯的英雄傳奇、抗擊競爭對手的鬥魔傳奇以及重振蘋果公司的復活傳奇等。通過這些不可思議的、神話般的傳奇故事，粉絲們在一定程度上將「蘋果」品牌「神聖化」，對其產生了崇拜感，並形成了虔誠的信念。對於他們來說，蘋果公司的存在不僅是為了賺錢，也是為了為人類提供具備「誘惑、叛逆和創意」的產品；而這正是「蘋果」公司的品牌精神。

當然，類宗教特徵並不是所有粉絲社群都具備的，它是粉絲社群發展到高級階段後所呈現的普遍特徵。而且只有特定行業、特定產品和品牌才有可能出現這種較為極端的典型粉絲社群。但對於普通消費者社群來講，成員們可以圍繞一個對象（產品、人物或品牌）形成宗教式的、忠誠的、穩固的社群組織，促使粉絲們形成這樣的類宗教社群無疑是企業夢寐以求的目標。

（二）匹配平臺

1. 社交媒體分類

社交媒體分為創作編輯型、資源共享型和社交服務型三類。這三者的關係大致如圖 4-1 所示。

（1）創作編輯型社交媒體

這類媒體用戶通常只是簡單參與其中，如創作或編輯一些內容發布，或觀看與評論，其主要的溝通均是圍繞一個主題來展開發布者和評論者的雙向溝通，較少出現發散的、多維的溝通。例如，最簡單的雙向溝通就是用戶閱讀完其他人發布的信息後的點讚，表明自己的態度，至於為什麼要「讚」，到底哪些地方值得「讚」，則很少會做說明或進一步溝通。典型的創作編輯型社交媒體有論壇網站、BBS、微博、維基、社交型問答網站等。

（2）資源共享型社交媒體

這類媒體的用戶多是基於對某方面的愛好和興趣，以照片、音樂或視頻的方式來表達和體現，並希望借此找到同類交流情感。情感是對客觀事物是否符合人的需要而產生的主觀體驗。人的情感體驗可以有積極和消極之分。積極的情感體驗給人帶來愉悅，形成持久情感，感情投入比較深；消極的情感體驗則給人帶來痛苦，情感投入少，轉化快。典型的資源共享型社交媒體有照片分享

網站、視頻分享網站、音樂分享網站和評論網等。

（3）社交服務型社交媒體

在社交網路中，最基本的行為類型，同時也是最重要的行為類型是互動。互動過程是產品口碑形成和擴散的路徑。當口碑的效果非常好時，信息可穿透非常弱的關係鏈和邊緣重疊的社區，形成傳播效應。行動捲入是情感體驗的昇華。在產品的生產、銷售、傳播、售後等環節，社會化力量參與其中，用戶成為產品的「聯合生產者」。典型的社交服務型社交媒體有社交網路、即時通信和微信等。

以上三種社交媒體的關係見圖4-1。

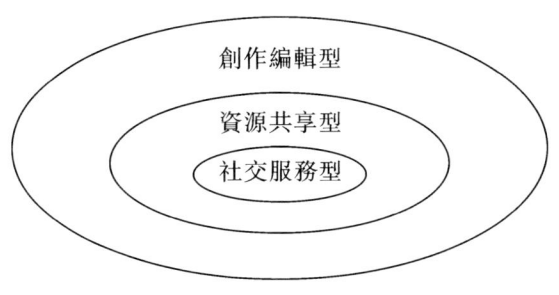

圖4-1　三種社交媒體之間的關係

2. 匹配傳播

依據中國互聯網信息中心（CNNIC）發布的《2015年中國社交類應用用戶行為研究報告》的數據統計：中國整體網民覆蓋率，即指過去半年使用過某互聯網應用的人數占整體網民數的百分比，其中：即時通信工具的使用率最高，占90.7%；綜合社交應用的使用率為69.7%，排在第二位；工具性較強的圖片/視頻類的應用使用率為45.4%，排在第三位；社區社交的應用使用率為32.2%，排在第四位；其他兩類社交應用的使用率相對較小，均在10%以下。從社交媒體的用戶結構來看，即時類通信工具的用戶年齡相對較大；微博的用戶組成結構呈現出年輕化、高收入、高學歷的趨勢；社交類網站的用戶學歷與收入水平相對較低。

從以上調查數據可以看出，不同的社交媒體覆蓋率的差異明顯。同時，不同社交媒體的特點也不同，這導致其應用在行銷領域時，其要求和策略也有所不同。行銷人員一般都只是把社交媒體當成一個統稱來對待，殊不知不同的社交媒體都有自己獨特的要求。在利用社交媒體進行行銷之前，我們首先要知道這些媒體是如何運作的，它們彼此之間有什麼不同、各有什麼優劣。然後，我

們要考慮的是如何將他們整合到一起並取長補短，形成整合的社交媒體行銷戰略。

(1) 匹配行銷的目標

各社交媒體具有不同的開放程度、互動效果、社群特質、媒介功效等，因此，會帶來不同的行銷傳播效果。因此，企業應當結合企業的行銷目標，最大化地利用好社交媒介。微博因其廣泛的公開性和交互便捷性，因此，具有強私密性的微信則適合深度服務傳播，能夠實現一對一的良好溝通；因興趣相同而相聚於豆瓣平臺的用戶群體適合興趣傳播，投其所好的傳播內容能夠獲得持久的關注；優酷等社交類視頻網站和知乎問答平臺因其能夠進行信息的精度傳播，因此適合內容傳播，呈現於此類平臺的視頻和文本信息能夠滿足受眾好奇心的需求。

很多企業將社交媒體當作一個推廣傳播的渠道，這不太合適。因為用戶在當中是比較私人化的，他們不喜歡在交流的時候還有品牌在做行銷，這會對他們帶來干擾，故而做品牌推廣的時候有必要將品牌的個性轉換為社交媒體的語言來表達。多數時候，社交媒體直接影響的是消費者對品牌的態度，並非實際的銷售。

(2) 匹配用戶的特點

企業在選擇社交媒體的時候，一開始就需要考慮它們是否與用戶的特點相匹配。社交媒介用戶的使用行為具有「碎片化」的特質，且對各媒介平臺的成本（時間、精力、情感等）投入均不相等。因此，企業在進行社交媒體行銷時應根據各平臺用戶的不同特點開展相應的活動，因地制宜地整合使用社交媒體，才能實現最佳的傳播效果。同時，企業在利用社交媒體進行行銷推廣時應綜合考慮品牌個性、行銷策略和行銷目標等因素與社交媒體用戶的匹配。不同社交平臺所集聚的用戶人群有著截然不同的個性。社交媒體的用戶大致可分為娛樂導向型和事業導向型，如豆瓣平臺的用戶就屬於娛樂導向型，而微信用戶則屬於事業導向型。當前，各大社交媒體的主流用戶的特徵愈發鮮明。新浪微博和優酷視頻網對用戶的技術門檻要求低，適合大眾類消費品進行品牌推廣；相反，豆瓣平臺的用戶群體大多為個性極強的文藝青年，他們時尚個性、注重外在，更關注高端品牌，因此豆瓣平臺適合作為具有鮮明個性品牌的行銷工具。總之，企業在進行社交行銷推廣時應提高品牌個性與平臺和用戶的匹配度，選擇適宜的平臺提升品牌的影響力。

(3) 匹配行銷策略

由於各種社交媒體的主要功能大不相同，訪問情景也各有差異，故而企業

在進行社交媒體行銷時應充分考慮各社交媒體平臺功能與行銷策略是否匹配。若企業是以視頻方式進行社交媒體行銷傳播，則需要在相應的社交類視頻網站上傳相關數字化內容，如優酷、土豆網以及可以分享視頻鏈接的社交網站（如微博和人人網），且需要整合各個社交媒體平臺來完善行銷策略。若在行銷策略中需要應用到LBS（地理位置信息服務），則應選擇具有簽到功能的新浪微博、街旁網等社交媒體。顯然，移動終端則是整合線上、線下活動的首選平臺。微博主要通過行銷帳號對用戶進行產品或服務推廣，微信則主要通過朋友圈和公眾帳號對用戶進行產品推廣。同時，微博、微信以及人人網等社交媒體的相同之處在於他們都是以現實之間的人際關係為依託的社交媒體行銷模式。

（三）匹配產品

社群行銷時代，在各種消費社群裡面，行銷的主導者是社群成員，而非企業！社群成員們忠誠的是社群，而非品牌！企業要想一個普通的消費社群對其某個品牌忠誠將會變得越來越困難。借用一句俗語來講，這種情形叫作：「鐵打的社群，流水的產品」。

1. 社群消費產品的類別

從社群對產品的掌控程度分類，我們可以將社群中消費的產品分為三種類別。

（1）自有產品

自我產品是指社群成員自己開發、生產的產品。這類產品是社群內成員的創業項目，與社群總部形成股份關係。對社群成員而言，這類產品是「自己人」生產的，所以它具有最大的可信度和最短的渠道（直銷）。例如，鳳巢社的創建者老梁的說法就很好地表達了社群成員的這種觀點：「鳳巢社首選我們自己生產、可控的產品，因為當產品不可控、產生問題時無法改正，產品無法迭代也就很難往下發展。」這類產品在社群當中往往具備較強的忠誠度。有意思的是，甚至有社群是先有某創建者推出的某個產品，然後圍繞這個創建者聚集的社群。此時，社群和自有產品可以說是同時誕生的，這有些類似於傳統的品牌社群，但又不完全相同。前者的擁有者往往是社群創建者或成員，是「自己人」，而後者的擁有者則是企業，是「外來人」。

案例：自有產品——鳳巢社的「紙小微」

在鳳巢社創建者老梁的社群商業化構思中，他更看好其社群內自有品牌的商業化路徑。比如他們的第一個生活用紙「紙小微」項目。「紙小微」最初由社群內5個「義工」創意推出，然後他們自組織、自驅動成立5人創業小組，號稱「中國第一支小微創業團隊」。作為「總公司」，鳳巢社參股。「紙小微」產品號稱與清風、維達、心相印同等品質，價格卻便宜不少，我們相信最牛的產品自己會自己傳播，我們拒絕虛偽和吹牛。紙產品，本身沒有太高技術限制，主要是因為成本和競爭因素帶來的低質、低價。而我們通過減少代理層級，走低價高質的嘗試。「紙小微」儘管已經經過「社群內的C2B」，但產品包裝等方面雖幾經修改，依然顯得稚嫩，現在依然是其「產品迭代階段」。老梁同時夢想能夠將「紙小微」以更大的聲勢推向全國，他正在積極奔走於「海星會、K友會等各大社群」之間，動員「十大社群」以入股方式，將「紙小微」形成十大社群的共有產品，聯合推動。「靠一己之力想做成改變歷史的事情是不容易的，所以要講融合，停止各大社群之間的互鬥互爭。」有意思的是，幾乎同時，另一知名社群「海星會」發出了「海星會紙巾」的消息——「3.0生活實驗的頭號計劃，代號001」，發起單位為「海星會、鳳巢社、設計聯」三大社群。在各大社群的商業化嘗試中，大家逐步發現：活躍的社群品牌，需要相互借力才能達成行銷目的。

（2）直供產品

直供產品即原產地直採或企業直供的產品。這類產品由社群直接從原產地或企業直接採購，其分銷渠道層級也很短，只有一個層級。在挑選這類產品時，社群成員往往要經過較為慎重的考察和審核。在導入外來的推薦產品時，必須選擇值得社群成員分享且物超所值的東西。由於是利用社群為產品代言，若該產品出現質量或價格方面的問題，則會傷害社群的信譽。而社群只有樹立了信譽，才會有價值。所以，社群在挑選直供產品時也是頗為審慎的。這類產品對社群成員而言，也具有較高的可信度。

農產品直供社群案例：繞開中間商自己干

9月7日中午，成都白領李麗的微信鈴聲響個不停。這是吃貨們每天的瘋狂時間。打開微信，康梅社群成都水產吃貨群早已炸開了鍋，新一輪的三文魚訂購開始了。「三文魚的價格比市場上的還便宜。」習慣性地掃描了一下信息後，李麗果斷出手，給群管理員發去了1.5千克三文魚的訂貨信息，並用支付

寶轉帳支付。「這會兒下單，如果快的話，晚上就可以吃上新鮮的三文魚了。」一想到美味的三文魚，李麗就期待不已。

「借助微信等社群平臺賣水產，是近年來的新模式。通過社群行銷，我們打破了傳統的水產銷售模式，減少了流通成本，提高了運輸效率。」吃貨群負責人康梅告訴記者，她與他人合夥經營著大邑縣西嶺鎮最大的一家冷水魚基地，年產三文魚30萬千克。2014年8月，他們開始嘗試新的行銷模式，借助微信社群平臺，發展目標消費者，再及時舉辦社群好友線下活動，將消費者凝聚起來，實現水產品從基地到餐桌的直接供應。目前，康梅所創辦的社群已達30個，群友超過3,000人，2013年社群的水產銷售額達到1,000萬元，占基地總銷售額的15%。

利用微信等平臺發布供應信息，再輔以線下活動凝聚網友，這還不是農產品社群行銷的全部。借助地方知名網路論壇，發展線下體驗活動，也是一種新興的農產品進城模式。8月23日，簡陽市石板凳鎮楊泉獼猴桃基地便嘗試到了網路平臺社群行銷的甜頭。當天，在當地主流網路媒體的策劃下，一個網友獼猴桃現場採摘活動熱鬧地開展了起來。200餘名網友湧入的12公頃的基地，瞬間買走了1,000餘千克獼猴桃，銷量接近基地今年總產量的1/10。獼猴桃基地負責人劉林告訴記者，傳統的獼猴桃銷售模式，是中間商上門收購，再由中間商銷往超市等零售點。在強大的中間商面前，種植基地和農戶很少有定價權。這種模式不僅拉高了零售環節的銷售成本，也不利於種植戶發展，所以該基地從2014年起，開始嘗試社群行銷，甩開中間商，自己幹。

資料來源：中國農機網，http://www.nongjx.com/news/Detail/51456.html。

(3) 推薦產品

這是社群外產品，且通常不是由生產商直供的產品，而是由經銷商供應的產品。這類產品進入社群的渠道層級相對較長，通常在二級以上。例如，鳳凰社的產品，由鳳巢社各地分社推薦。產品路演之後，哪些商品能進入鳳巢社體系，又會取決於鳳巢各地分社負責人的集體投票，團隊支持率及格，則可以全面上線。這類產品由於其渠道層級相對較長，故而其可信度相對較差。

2. 企業的社群產品策略

對於社群消費的三種產品，作為「外人」的企業應當如何抓住商機，把其產品打入社群呢？對於社群自有產品，企業通常很難切入其中。如果企業一旦切入其中，如企業採取參股的方法切入到社群的這個產品或項目中去，那麼勢必會破壞社群成員對該產品的「自有」感覺，從而降低其對該產品的信任

感，進一步影響社群成員的消費。若企業只是參與其生產環節，如為企業提供生產加工，賺取其中的加工費，那麼價值也不會太大。至於社群的直供產品和推薦產品，企業倒是可以介入，從減少渠道層級和增加消費者信任度考慮，若有條件的話，企業可以考慮首選直供產品介入。同時，企業應當轉變思路，轉變過去的大規模標準化生產的思路，精準匹配不同社群的需求，為其開發生產個性化的產品。

（1）匹配社群需求，讓消費者參與產品研發

社群行銷時代是消費者的需求迅速變化的年代。「流行和時尚」的週期越來越短，企業想要跟上消費者變化的步伐顯得越來越困難和力不從心。在企業和消費者的博弈當中，消費者擁有越來越大的主動權。既然如此，企業不如放下身段，主動和各種消費社群接觸，深入傾聽他們的需求，邀請他們參與到產品的開發設計中來。這樣做有兩個好處：一是可以較為精確的匹配消費者的需求；二是消費者參與研發設計的產品會給他一種這是「我的」產品的感覺，可以拉近企業與消費者的距離，建立親切感，從而增強企業的產品信任度。

案例：凱叔講故事——和用戶一起打造產品

王凱，2001年畢業於中國傳媒大學播音主持藝術學院，畢業後一直從事配音工作，配音代表作是《變形金剛》的「擎天柱」，做主持人的代表作是中央電視臺的《財富故事會》。

2013年3月，他從中央電視臺辭職，隨後7月發布《凱子曰》納賢公告，正式踏入自媒體脫口秀之列，後因為與合作人申音有分歧而分手。

王凱是兩個孩子的父親，孩子從小就讓王凱講故事，而且不許重複，天天都要講故事，而且要求每天至少講三四個故事，王凱就從網上購買了大量的繪本，跟批發似的一箱箱買回來，那時他讀了大量的繪本，讀了大量的故事，這段時間也讓他知道孩子們喜歡什麼樣的題材，如何在講故事的過程中用語言將孩子的情緒、注意力跟著情節推進。

他在出差前還會將錄好故事的音頻擱在家裡，讓孩子的媽媽放給孩子聽，後來錄音放在幼兒園家長群裡大受歡迎，沒想到放在微博裡每個故事都被轉發了幾百次。這讓他意識到，這是一個巨大的剛需，於是開始做「凱叔講故事」。

凱叔講故事現在已有數百個免費故事，平均用戶每天使用時間在30分鐘以上，屬於高頻連接。用戶中的72%為女性，也就是孩子的媽媽。按照地域和寶貝年齡的不同，建立了幾百個微信群和QQ群。在社群的基礎上，他和用戶

一起打造了不少產品，包括《凱叔西遊記》《失控兒童節》《失控聖誕節》以及第一季的動畫片《凱叔畫劇》等。另外，每年還有「凱叔失控兒童節」「凱叔失控聖誕節」等全部通過自組織的眾包形式進行的活動。「魅力人格體+社群」的模式讓《凱叔西遊記》第一部銷售創下 300 萬部的紀錄，這個產品是經過和用戶溝通、投票決策確定打造的第一個收費產品。

一般來說，除了自己的父母，孩子喜歡上一個人講故事就不會聽別人的了，因為有親子共讀的場景。長期累積、高頻連接，信任和依賴就這麼產生了，社群的黏性也就起來了，家長之間的交流欲望很強，活躍度很高，這讓他和他的「凱叔講故事」成為中國最大的互聯網親子社群。

（2）柔性生產，為不同社群提供個性化的產品

每個消費社群都有各自的特點，他們就像一個個「消費部落」，這些「消費部落」的需求是不一樣的。在這個消費者擁有越來越大的話語權的時代，廠商要想不被時代淘汰，就不能夠再以大批量的、標準化的產品去應對這些具有鮮明個性化的消費者社群。要想匹配這些消費社群的個性化需求，廠商就必須轉變傳統工業時代的思維，為這些社群提供小眾化、個性化的產品。而小眾化和個性化的產品對廠商而言就意味著柔性生產，其最極端的情形就是定制化生產，為每一位消費者提供符合其個性需求的產品。然而，對傳統製造業來講，這並不是一件容易的事情，用工業化的成本和效率製造個性化的產品，這聽起來更像一個美好的夢想。這需要習慣了傳統工業時代思維的製造企業進行「脫胎換骨」式的升級改造，必須具備智能製造、數據驅動和平臺支撐三個方面的能力，把產品設計和消費者真正整合到一起，才能切實滿足社群消費者的個性化需求。其實已經有一些企業已經開始了柔性生產的嘗試，如從事服裝行業的青島紅領集團。

紅領集團的「酷特智能」和「魔幻工廠」

酷特智能是青島紅領集團旗下的個性化定制平臺。紅領集團曾經是一家傳統的服裝製造企業。早在 2003 年，紅領就開始進行個性化服裝定制系統的探索和嘗試。酷特智能作為專注定制業務、探索實踐「互聯網工業」的專業平臺就此應運而生。

酷特智能用 3,000 人的工廠做實驗，歷經 12 年時間，投入了數億元資金，打造出了業內知名的「紅領模式」。其核心價值在於，通過信息化與工業化的深度融合，解決了個性化定制和規模化生產的矛盾，形成了以工業化的手段大規模定制個性化產品的智能製造系統，其柔性生產全套解決方案可在各行業應

用實施。酷特智能也因此成為國家工業和信息化部確定的兩化融合標杆企業，也是服裝行業唯一入榜的 2015 年全國智能製造示範項目。

目前，酷特智能向廣大消費者已推其戰略品牌「魔幻工廠」（Magic Manufactory），搭建了一個實現用戶在線自主設計、實時下單，個體直接面向製造商的 C2M 個性化定制平臺，讓用戶足不出戶，只要動動手指，就可坐享「造物」樂趣。基於大數據驅動的智能製造體系，魔幻工廠能支持用戶進行乃至每一粒紐扣、每一個花邊的細節定制，真正實現「一人一版，一衣一款」的設計與裁剪，從訂單數據上傳到定制成衣出廠僅需七天時間。

在魔幻工廠的個性化定制 APP 中，款式和工藝數據囊括了幾乎全部的設計流行元素，款式、版型、工藝、尺寸……所能滿足的設計組合，超過百萬種，覆蓋 99.9% 的個性化設計需求。顧客既可以在此平臺上進行自主個性化設計（如領型、口袋、面料、裡料、拼接等），又可以選擇時尚成衣版型添加個性化元素（如加個性刺繡、命名個人品牌等），真正做到滿足不同類型消費者的個性化需求。

在這個人們視「撞衫」為恥辱的時代，在這個製造業再一次實現了歷史性轉折的時代，重視個性、心想未來的消費者們，不妨盡早體驗一下像魔幻工廠 C2M 酷特智能系統這樣的全新互聯網購物平臺，帶給我們前所未有的購物樂趣。紅領集團打造的魔幻工廠 C2M 酷特智能系統，為此刻的我們提供了出色的定制化消費體驗。登陸魔幻工廠 APP，消費者所要經歷的不再是選物，而是「造」物。

紅領集團董事長張代理表示，經過十幾年的摸索和實踐，紅領打造出了互聯網環境下的 C2M 商業生態，創造了「互聯網工業」的方法。借助復星集團獨特的資源優勢及全球產業整合能力，我們相信這套「互聯網工業」的解決方案將為傳統產業轉型升級提供支撐，成為可跨界複製推廣的徹底解決方案。

第五章　交互體驗

（一）你需要怎樣的社交媒體平臺？

　　一個企業為什麼需要社交媒體？每一個企業都有無數的行銷問題需要解決，這些問題在沒有社交媒體的時候就已經存在，社交媒體只是提供了一些新的解決方法。那麼企業選擇社交媒體要打算解決哪些問題？比如一些企業通過推出社交媒體想傾聽客戶的聲音，以前總是希望客戶主動打電話投訴，然而事實上客戶很少會主動打電話給企業。那麼現在的情形不一樣了，客戶有不滿意的地方可以直接在線投訴，當然客戶也可以在微博、微信上留下抱怨和不滿的文字。顯然，社交媒體有助於企業為客戶提供更好的服務。此外，通過社交媒體還可以從客戶那裡獲取關於產品創新的一些想法，甚至可以銷售更多的產品。

　　這是一個以平臺為王的時代，社交媒體對人類最大的貢獻之一就是搭建了一個交互體驗的平臺。通過在這個平臺上的信息和情感等方面的交流與體驗，陌生人之間建立起了聯繫，變成了熟人，熟人之間則進一步密切了彼此的關係，變成了好友。由此，整個社會當中人與人之間的聯繫變得更加緊密，關係得到了進一步強化，人類仿佛又迴歸到了「部落社會」——社交媒體時代的「部落社會」。

　　社交媒體已經深深地融入了人們的日常生活當中，正在改變著你我的消費行為模式。因此，無論你是個人還是組織（當然包括你的公司），在生活或工作當中，都無法繞開一個交互體驗的社交媒體平臺。問題不在於你是否需要一個社交媒體平臺，而是你需要一個什麼樣的社交媒體平臺？當然，對一家企業來講，要回答這個問題，首先要取決於你想達成什麼樣的行銷目標？

1. 你想達成何種行銷目標？

對於任何社交媒體行銷策略而言，第一步都應該是設定想要達到的目標。擁有目標就可以在今後的社交媒體之戰處於不利態勢時快速做出反應。沒有目標，就無法衡量成功與否，也無從計算投資回報率。

行銷策略與行銷目標應該保持一致，這樣你在社交媒體上的努力就會促使你達成企業的目標。如果你的社交媒體行銷策略可以促使企業達成目標，那麼你更有可能獲得其支持和投資。行銷目標不僅僅包括諸如「轉發」「點讚」之類的較為初級的指標，更為重要的是還需要包含人氣度、轉化率和銷售額等這類更高級的指標。總結起來，通常和社交媒體行銷相關的有以下三種行銷目標：廣而告之、品牌體驗和客戶維護。

（1）廣而告之

儘管社交媒體屬於小眾媒體，走的是瞄準目標市場的「精準傳播」路線，但它的覆蓋面和傳播速度往往會超出你的想像。只要運用得當，社交媒體也可以實現「廣而告之」，快速地讓尋找你產品或服務的用戶發現並關注你。

小案例分享：HB 的「愛車+」南坪新店開張宣傳

80 後重慶小伙子 HB 在江北開了一家汽車維修服務店，業務不錯，最近又準備在南坪新開一家分店。那麼如何宣傳他在南坪的新店呢？借助社交媒體，他策劃了一個有趣的活動來宣傳新店。整個活動圍繞購買某款行車記錄儀產品在微信朋友圈進行宣傳來開展。活動的主要內容就是在你的微信朋友圈裡面邀請你的好友幫你砍價，最終以一個非常具有吸引力的價格（99 元，2 折左右）拿到這款原價是 499 元的行車記錄儀。你在微信朋友圈每邀請到一個好友幫你砍價一次，則可以降價 20 元；要想拿到 99 元的價格，你則需要邀請 20 位微信好友幫你砍價。當然，你的微信好友要幫你砍價，首先得在微信上關注 HB 新開張的這家「愛車+」汽車維修服務店。HB 在某一天的下午 2 點在他的微信朋友圈啟動了這個活動，到第二天早上 8 點，你猜猜「送」出去了多少個行車記錄儀？接近 600 個！這還不到一天時間。這意味著參加這個行車記錄儀砍價活動的人數達到了 12,000 人次！也就是說，在不到一天的時間內，HB 的這個新開張的汽車維修店已經吸引了上萬人次的「關注」！而且這個活動還未截止！兩天之後，當我再問 HB 這個活動的情況時，他說已經送出去了上千個行車記錄儀，車主要安裝該行車記錄儀需提前一周預約！同時，HB 也提供了免費安裝這款行車記錄儀的服務，前提是你需把車開到他的「愛車+」汽車維

修店，開到他的任何一個店都可以，當然最好是開到他的南坪新店。至於99元錢的行車記錄儀是否會虧本？我問過HB這個問題。他沒有正面回答，只是說這也是一次和某品牌行車記錄儀廠家搞的資源整合活動。最終，HB憑藉他「送」出的上千個行車記錄儀，得到了上萬個潛在顧客，實現了一次效果很好的「廣而告之」。

點評：新店開張，拿出一個有吸引力的產品，借助微信朋友圈，實現了一次很好的新店宣傳，並且在短期之內累積了大量（潛在）客戶。誰說社交媒體只是一個小眾媒體？誰說社交媒體不適宜做市場開發？本案例證明：只要運用得當，社交媒體的「廣而告之」和開發市場的作用不容小覷！

（2）品牌體驗

所有品牌都希望和顧客建立起良好甚至密切的關係，最終達成較高的顧客忠誠度。無數成功品牌的經驗表明：與顧客建立良好關係的有效途徑之一就是要讓他們獲得良好的品牌體驗——與顧客互動起來，讓顧客在互動中體驗到品牌的內涵，無論是虛擬體驗還是真實體驗。

打造品牌與顧客良好交互體驗需要注意兩點。一是這些交互體驗要體現在顧客消費的整個過程當中，而並非僅僅是靠幾場活動就可以建立起來。品牌與顧客建立關係和互動的過程涵蓋了消費者的整個購買環節：首先是在參考選擇階段的瀏覽評價、尋求建議、進行比較；然後是在購買過程中的線上體驗或線下體驗；最後是在購物成功後的物流體驗、售後服務體驗、分享體驗、參加品牌活動體驗以及與品牌互動的體驗等。二是需要協調好顧客的虛擬品牌體驗和真實品牌體驗的關係。在消費者整個購買過程中既有虛擬品牌體驗又有真實品牌體驗。內容、噱頭、對話，這些屬於虛擬品牌體驗，是廠商「說到」（自己宣稱能做什麼）的部分；但廠商僅僅依靠「說到」這樣的虛擬品牌體驗就試圖與顧客建立牢固的關係還遠遠不夠。因為你會「說」，別人也會「說」，僅僅依靠內容、噱頭吸引的粉絲群會在其他內容、噱頭的刺激下迅速離去。「說到」必須要等於「做到」，能否做到的東西才是核心競爭力之所在，如你的產品體驗、服務體驗等方面。與顧客之間建立良好和牢固的品牌關係的核心在於消費者能否「真正體驗到品牌的內涵」並且「願意主動」幫助品牌說話（傳播）！那些經典的社交媒體行銷案例，如杜蕾斯、可口可樂、星巴克等，哪個不是有線下渠道在支撐著消費者的「真實品牌體驗」？社交媒體時代，品牌需要認真對待「它與消費者之間的關係」，偉大品牌的塑造過程實際上就是與人建立起有意義的關係的過程，且最終可以給消費者帶來實際的好處，比如可以改善他們的生活。

（3）客戶維護

「轉化率」比「加粉」更重要！

在社交媒體上擁有大量的「粉絲」對於企業來講固然很重要，但若這些「粉絲」僅僅限於圍觀，熱鬧倒是熱鬧了，可沒有實際的購買行動，那麼企業就成了「花錢賺吆喝」，而無法獲取實際的銷售產出。因此，轉化——將「粉絲」轉化為客戶，比累積「粉絲」更為重要。那麼如何提高社交媒體平臺的轉化率呢？

轉化率等於期望行為人數除以觸及總人數。期望行為就是我們考量目標希望做到的行為，比如點擊率中的「點擊」就是期望行為，轉發率中的「轉發」就是期望行為，以此類推，如下載率、激活率、購買率、打開率、成交率、復購率等都是期望行為。

由於我們所觸及的「總人數」在一定範圍內是固定的，所以我們總希望大幅提高期望行為人數，以獲得更多我們期望的結果，即提升轉化率。下面介紹一個提升轉化率的五步法。

◆提升轉化率五步法

第一步，定義核心目標。

定義清楚核心目標非常關鍵，目標若是不清楚，則會導致行為的混亂。例如：你是提升轉化率，還是提升 ARUP 值（Average Revenue Per User，即每用戶平均收入）？是要提升復購率，還是要加大復購頻次？是要提升利潤，還是要提升銷售額？需要提醒的是，企業的產品在不同生命週期，其目標及營運重點是有所區別的。

第二步，畫出核心流程。

該步驟是五個步驟中最為關鍵的一步。很多人認為，產品是我們每天都在營運的東西，我還能不清楚流程嗎？其實不然，雖然我們很熟悉流程，但不親自動手畫出來，其視角總是沒有那麼清晰，或是有所遺漏。你可以拿出一張紙，畫出你營運的產品的核心流程。

第三步，列出影響因子。

把你能想到的所有可能影響流程中用戶發生變化的因素列出來，並放到流程下面。窮舉你可能想到的所有影響因素。在這個列舉過程當中，你可能會有所遺漏，那麼試試這個「模擬體驗」方法，一定會有所幫助。

第四步，添加影響權重。

上一個步驟中，你很可能已經列舉出了一系列非常多的因素，這些因素對結果的影響是不一樣的，這時你需要將他們之間的不同影響用數據化的方式表

現出來，即給這些因素加上權重，至於權重的決定方法推薦選擇使用層次分析法。

第五步，逐個優化因子

確定了影響因素的權重之後，再做一個影響程度排序，就能看出哪些是最有影響的因素，接下來就按照這些影響因素的排序來逐一優化。下面舉例來說明這個提升轉化率五步法是如何運用的。

提升轉化率五步法例子

核心目標：提升微信圖文打開率。

第一步，目標定義：提升微信圖文打開率。

第二步，畫出核心流程。

第三步，列出流程中所有可能的影響因素，例如：

公眾號名字：是否定位清晰？（3）

公眾號頭像：是否符合定位？（3）

封面圖文是否有趣？（3）

封面圖文是否視覺對比強烈？（2）

封面圖文是否一眼就能看出內容？（1）

封面圖文是否美觀、專業？（2）

圖片是否會過於複雜？讓用戶費解？（2）

文章摘要是否勾起用戶點開的欲望？（2）

標題是否有趣？（3）

標題是否使用問句？（3）

標題是否有標籤化個性化元素？（3）

標題是否簡潔？（2）

標題是口語化還是專業化？（2）

標題前13個字，是否就足夠有吸引力？（3）

標題是否能激發其好奇心？（4）

標題是否能打中用戶痛點？（3）

標題能否用上數字？（3）

推送時間是不是大家使用微信的高峰時間？（2）

內容定位是否讓用戶想追著你的號看？（4）

微信粉絲的質量，是否精準關注的流量？（2）

是單圖文，還是多圖文？（1）

圖片是否過大，加載時間是否過長？（1）

文章是否引導用戶進行分享？（4）

文章是否好到有用戶願意分享？（4）

……

第四步，添加影響因素權重，分成4級，見後面括號。

第五步，按照影響因素項的權重從高到低排序，然後就可以按照這個排序的順序逐一優化。

資料來源：飛魚船長·營運控。

◆用戶動力阻力分析

在用戶使用產品的過程中，總有兩種相反的力量在影響用戶的行為：一是動力，二是阻力。要想提升轉化率，就要分析用戶在購買的過程中存在哪些阻力和動力，然後盡可能地減少用戶的阻力，增強其動力，最終實現良好的營運結果。

●減少阻力：打消用戶防禦

用戶的防禦心理是與生俱來的，他們在行動時，會抱有各種各樣的懷疑：這是不是騙人的？它真的和描述的一樣嗎？如果出了問題會怎麼處理？這些防禦和懷疑必然會阻礙用戶們的轉化率，這就是用戶使用產品的阻力。

消除用戶防禦和懷疑的方式通常有兩種：建立信任感和解除疑惑。

方式一，建立信任感。建立信任感的常用方式有：

＊客戶見證案例：將客戶中比較成功的案例展現出來，最好帶有照片和評價，這比較容易讓其他用戶信任。在產品推廣初期為了獲取更多有效的客戶案例，可以採用降價或者免費體驗的方式先讓一部分客戶用起來。

＊闡述公司優勢：用戶不是你公司的員工，如果你不說他是不知道你公司的優勢的，可以主動展示你的優秀團隊、獲獎情況和行業認證等方面的優勢。

＊請名人代言：這個不一定需要請明星，請細分行業裡比較知名的人物亦可。例如，創業公司就經常請自己的投資人來代言。由於這些代言人在「圈內」具備較高的認知度和專業性，其代言效果可能比請明星還好。比如喬布斯就經常為蘋果公司的新產品代言。

方式二，解除疑惑：針對客戶的疑惑，可以出抬相應的保障措施來解除。解除疑惑的常用方式有：

＊加上Q&A（常見問題）：將預想到用戶容易碰到的問題寫到Q&A裡。這個Q&A寫完後可以根據與用戶互動的過程中不斷迭代，最大限度地覆蓋用戶的常見問題。

*設立保障制度：有些客戶的擔憂可能是比較複雜的，僅僅通過文字解答是很難打消用戶的顧慮，這時就需要設計一定的保障制度來打消客戶的顧慮。

另一種常用的保障制度就是「不滿意就全額退款」。這個保障幾乎適用於所有產品和服務，給企業帶來的好處非常顯著，不僅降低了行銷門檻讓更多用戶使用你的產品，也增加了一個用戶口碑傳播的亮點，更提高了全團隊追求高品質產品的標準，在商業上是利遠大於弊的一種制度，其中「惡意」利用這個保障制度的顧客其實比你想像中少很多，不用過於擔心這部分損失。

*降低首次使用門檻：用戶天然會對產品形成顧慮和懷疑，尤其當他需要付費的時候。而大多數的商業都是需要用戶付費之後，才能開始體驗服務。用戶使用門檻包括需要付費、註冊、下載、完善資料等。在用戶正式付費之前，可以通過降低門檻讓用戶先體驗產品，從而開始依賴產品價值，最終轉化成客戶。總之，可以去思考和觀察用戶，在首次使用或付費之前，會有哪些門檻會阻礙用戶進來，然後把所有可能降低的門檻都降低，轉化率必然隨之提升。

*減少中途退出：每個平臺的流量都是經過千辛萬苦引進來的，用戶若在使用過程中輕易離開就太可惜了。因此，我們要爭取在產品的核心流程上不能讓用戶太容易離開，要多一步離開確認的選擇。用戶離開的原因多種多樣，有可能是誤觸，也有可能是在猶豫，多一步確認，可以挽回不少並不是特別想退出的用戶。

*網頁加載速度和穩定性：由於等待網頁加載，不少用戶就會跳出頁面，或者干脆關閉 APP，這也會導致轉化率下降。亞馬遜曾發布的一個研究顯示，網站每 100ms 的加載延遲就會導致銷售額下降 1%。要想頁面加載速度加快，業內常用的方法有：讓關鍵元素優先加載，按需異步載入 JavaScript；使用良好的結構；不用使佈局超載，不用圖像表示文本；壓縮 JavaScript 文件，使用超文本傳輸協議，優化 CSS 文件；盡量用 PNG 圖像，大圖切割成多部分，可能的情況下最好設置成固定大小；使用 AJAX 進行異步更新，可以充分利用現代瀏覽器的多線程加載，把多個接口合併為一個；減少 Http 多次鏈接開銷等。

*暢通用戶溝通：客戶總會有一些問題是你預料不到的，如一些客戶就算是看到了平臺發布的信息也不放心，需要重新向你確認一下。這時擁有一個暢通的用戶溝通機制就非常重要了，可以設置「留言回覆、QQ 諮詢、諮詢彈窗、諮詢電話、電話回撥」等各種即時溝通方式。設置好即時溝通方式之後，再檢查一下，諮詢按鈕是否顯眼？諮詢的方式是否足夠方便？對用戶來說成本是否夠低？如果只是留了一個郵箱，用戶溝通沒那麼方便，大多數用戶會直接放棄。

諮詢溝通中的幾個注意事項：

＊在諮詢過程中「響應速度」和「專業程度」是影響轉化率的主要因素。

＊盡量多留些互動方式。不同的用戶有不同的偏好，例如：有的用戶喜歡直接用電話溝通，有的用戶不希望留下手機號而喜歡選擇文字諮詢。

＊語音溝通轉化率更高。從單個用戶來看更容易讓用戶轉化，通過語音能夠更好地傳達客服人員對客戶的態度，客戶能夠感受到客服人員的誠意、熱情和對他們的關懷，更容易促成交易；尤其是單價較高的產品，語音溝通的效果更好，轉化率更高。

＊恰當運用主動彈窗。在部分產品情景下，主動彈窗是一種非常有效地提高轉化率的方式，因為大部分潛在用戶的主動性不夠。當然，主動彈窗也有弊端，在一定程度上它會給顧客體驗帶來負面影響，這就需要平衡好轉化率成本與用戶體驗的關係。

＊多問，慢引導。在諮詢過程中，客服人員先多問用戶的情況，不要直接告訴用戶「你很適合我們的產品」，而是通過詢問和確認用戶的情況，再開始慢慢引導用戶理解你的產品。最後讓用戶自己得出一個結論：這個產品是非常適合我的。

●增強動力：增大痛點和爽點

增強用戶動力需要把握好兩點，即痛點和爽點。痛點和爽點是用戶需求的兩個面，分別代表產品能夠給用戶解決的痛苦和帶來的快樂。痛點和爽點是決定用戶下載或購買產品的根本所在。痛點和爽點不是由行銷者來定義的，它們必須要得到用戶的認可。這就需要行銷者在產品設計和營運的過程中充分瞭解用戶。要選擇好目標市場，開始的時候宜小不宜大。不要在產品一開始推出的時候就想覆蓋所有人群，也不要一開始就推出一個功能大而全的平臺。正確的做法應該是聚焦一個細分的相對較小的目標市場——種子用戶，先讓這一部分用戶的體驗達到極致，然後再以這些「種子用戶」為基礎去發展更多的用戶。

增大痛點和爽點的方法

＊畫面感描述：多使用帶有畫面感的詞語來描述痛點，例如：同樣是描述「上班遲到了」這件事情，你可以使用很普通的陳述語句——上班遲到的尷尬；你也可以使用很有畫面感的描述——似乎全公司的人都同時停下來，註視著你氣喘吁吁地從8排辦公桌中間穿過。兩種描述方式的效果孰優孰劣，一目了然。

＊衍生痛苦結果：將用戶可能產生的不好結果進行衍生，從一個壞的結果推演一系列壞的結果，讓痛點更痛。

痛點會比爽點更加容易讓用戶產生行動。我們要把更多的營運資源放在讓用戶感受痛點上。失去代表痛點，得到代表爽點。即使是同一個功能點，也盡量用痛點的方式去表達。

例如，假設你作為一名營運人員，希望用戶註冊獲取試用7天會員資格。

文案1：只需3步註冊，輕鬆獲得某網站7天會員資格，盡享尊貴體驗！

文案2：恭喜你已經獲得某某網站7天會員資格，盡享尊貴體驗！點擊註冊保留資格。

哪個文案感覺會更好一些呢？文案2顯然會讓用戶更加願意註冊。

◆ 維護好你的客戶

最近，一項針對年輕人使用智能手機的調查表明，大多數年輕人每天使用智能手機的時間可以長達3個小時以上。在這3個小時當中，使用社交媒體的時間占據了很大的一個比例。社交媒體已經深深地「嵌入」了現代人的生活。因此，在社交媒體上與你的客戶進行交流和互動就成了順理成章的事情。許多企業已經把社交媒體作為維護客戶的工具。同時，品牌商通過社交媒體滿足客戶需求、解決問題的動力也逐漸增強。

在機場裡，一名憤怒的旅客只能影響一些其他的憤怒旅客；而在社交媒體上，一名憤怒的、感到不便的旅客卻能影響他的諸多粉絲，其潛在的影響力則更大。如果你某次在機場遇到了「航班取消」，你是選擇在機場排隊尋求航空公司人員的幫助，還是在社交媒體上尋求幫助或服務？

下面這個例子生動地說明了社交媒體在維護和服務客戶方面的巨大優勢。從我個人的角度來說，現在的我更傾向於首先在社交媒體上尋求幫助和服務。當我聽到這個在任何語言裡都代表不便的詞語——「航班取消」時，這意味著我與社交媒體客服人員的互動就要開始了。這一詞語暗示了各種各樣的痛苦：長龍一樣的隊伍，憤怒的旅客，錯過的轉乘航班，以及航空客服人員電話長時間的等待。

在最近的一次旅行中，我和妻子經歷了一次可怕的航班取消，150~200名乘客被告知要去總服務臺重新預訂機票。在隊伍中焦急等待的同時，我開始在推特上@航空公司。

不一會兒，一名客服人員答覆了我。他建議我關注他們的服務帳號，這樣我們就可以直接交談，討論詳細的航班信息。

航班取消後不到10分鐘，我在推特上成功重新預訂了機票。此時大多數旅客都在給航空公司打電話，當然，他們大部分都仍在等待與客服人員接通。

最讓人高興的是我們重新預訂了15分鐘內起飛的航班，如果我像其他人

一樣採用傳統的方式，那麼飛機已經飛走好久了。

傳統的服務方式會將我變成一個沮喪的、滯留的旅客，這樣我就會發布有關航空公司的刻薄的推特。現在我是一名滿意的旅客，並且已經在推特上分享我的經歷。

客戶轉向社交媒體尋求服務

J. D. Power & Associate 公司在最近關於社交媒體標準的研究中發現，有67%的消費者已經使用公司的社交媒體主頁尋求服務，有33%的消費者關注社交媒體行銷。這些發現意義重大。

社交媒體品牌行銷已經十分普遍，但是普通消費者想要的卻更多，他們在社交媒體上提出問題，希望得到回應。

社交客戶關係管理不僅僅是推式行銷，社交媒體正在成為個性化、及時性和分享性客戶服務的平臺。那麼，品牌商如何利用它與客戶交流呢？反過來，客戶又如何從品牌商那裡得到解決方案呢？下面這些做法能給我們帶來一些有益的借鑑。

●專門的客戶服務帳號

關鍵績效指標：反應率、反應時間。

當客戶服務帳號從主品牌帳號中分離出去，就代表著將客戶服務與市場行銷部分分離開來。這種做法有利於受過培訓的社交媒體客服人員專業地處理服務問詢，同時也讓社交媒體行銷人員專注於品牌建設。

除了時間與人工的節省，這種細分也使品牌分析數據更加有意義。標準的關鍵績效指標可以代表不同的意思，這取決於焦點是在市場行銷部分還是在客戶服務部分。在社交媒體行銷中，關鍵績效指標通常關注用戶對內容的反應。與此不同的是，對品牌的反應在社交媒體客戶服務中才是最關鍵的。

在社交媒體客戶服務中，像反應率和反應時間這樣的數據直接衡量了服務支持的效率。

品牌實例：微軟，反應時間為30分鐘、反應率為64%。

微軟在這方面做得很好，將不同的帳號細分開來，以便高效地直接處理用戶問詢。客服代表能夠對直接提問做出迅速反應，也能根據推特上的間接轉發或@信息找出產品的問題。該團隊的反應率雖仍有提高的空間，但是反應時間卻是非同一般的。

●清晰的在線離線狀態

航空業中社交媒體反應率的領導者之一——荷蘭皇家航空公司為客戶提供24×7的服務支持。像航空公司這種以時間和便捷為賣點的行業，這種服務是

合理的。但是，持續的監控或許並不是必需的，這取決於公司的規模和客戶量。大多數公司不會日夜在線，但是他們會給出他們在線和離線的時間。不論公司採用哪種時間策略，這種時間信息的溝通才是關鍵。對客戶來說最差的客服反應是什麼？沉默。

品牌實例：美國運通，反應時間為 3.8 小時、反應率為 46%。

AskAmex 帳號（美國運通官方所有）團隊將清晰、直接和快樂的溝通作為關注點。考慮到財務信息的保密性，他們制定了「社區指南」作為隱私方面的提醒。這就防止了混淆和煩惱，改進了用戶服務體驗。

● 人性化

客服人員要做自我介紹，即使是一個簡單的特別的簽名都會帶給客戶私人服務的體驗。Zappos（一家美國賣鞋的 B2C 網站，是網上賣鞋的最大網站）在它的臉書頁面上十分注重人與人之間的聯繫。他們在上面放了客服代表的照片，這樣就使互動更加高效，同時也更具會話效果。實際上，多個客服代表可以同時監控社交媒體帳號。每位客服代表都可以通過會話來處理問詢，減少疑問和反應時間。

品牌實例：Zappos（@Zappos_Service），反應時間小於 20 分鐘、反應率為 100%。Zappos 以回答每個客戶的問題為驕傲，他們有一支 24×7 的團隊來實現這一目標。

Zappos 的客服代表在社交媒體上十分活躍，他們會愉快地簽到或下線，他們會定期在服務對話之外發表一些輕鬆的評論，看起來他們都很喜歡自己的工作。這種積極的態度能幫助客戶更好地解決問題和投訴，讓客戶體驗和員工體驗都變得更好。

● 首先要找出問題

工具：Trackur

社交媒體使品牌在處理服務問題上採用創新的模式。甚至在客戶提問之前，品牌商就可以找出並解決他們面臨的問題。這叫作前瞻性客戶服務。然而，社交媒體帶給品牌商的可不只是估計消費者的問題。現在，品牌上可以在社交媒體上「傾聽」間接提到的關於產品的信息，並且直接解決那些問題。

像 Trackur 這樣的工具可以跟蹤提到的品牌和產品的信息，解析跟蹤到的結果，分析正面和負面的評論。品牌商可以前瞻性地解決負面的情緒化問題，將公開的抱怨轉變為可分享的解決辦法。那些分享他們沮喪的經歷的客戶則可以找到一個真正關心他們想法的品牌商。品牌商可以更深入地找到並解決問題。前瞻性回答這些問題為抓住市場份額提供了一個動態的機會。

品牌實例：聯合包裹服務公司（@UPSHelp），反應時間為88分鐘、反應率為47%。

聯合包裹服務公司（UPS）非常重視社交媒體傾聽，該品牌也以前瞻性識別和解決客戶的問題聞名。將可能的抱怨變成永久的滿意的客戶總是一個正確的決定。然而，社交媒體帳號經常錯失將問詢的客戶變為粉絲的機會。典型的情況是，他們將這些客戶直接引導至客戶服務郵箱，進行更詳細的會話。雖然這是可以理解的（特別是在處理涉及敏感的客戶信息方面的事務時），這樣的做法還是將對話從客戶自行選擇的平臺上轉移到其他位置。利用推特的私信和臉書的消息功能可以讓客戶集中在社交媒體上，使變換平臺中分流的麻煩最小化。

● 做大或關門

研究顯示，與2013年相比，在2014年，Interbrand 100中有32個品牌都已經推出了推特客戶服務處理業務。與同期相比，這些品牌的服務反應率提高了43%。那些已經在社交媒體客戶服務上投資的品牌正在增加投資。如果一個品牌想要開始前瞻性的客戶支持，需要確保在心態和實際資源方面的大量投入。如果在社交媒體客戶服務上半途而廢（遲鈍的反應時間以及很多未回答的問題）會讓客戶感到未被重視而更加沮喪，倒不如一開始就沒有社交媒體客戶服務的支持。

品牌實例：荷蘭皇家航空公司KLM，反應時間為78分鐘、反應率為96.44%。

在前文中已經提到過荷蘭皇家航空公司，因為他們對社交媒體客戶服務有著良好的理解。在大多數品牌重視社交媒體客戶服務的潛力之前，荷蘭皇家航空公司就已經將此視為一個轉折點。可以毫不誇張地說，荷蘭皇家航空公司對社交媒體客戶服務的投入使整個航空業開始重視這方面的能力。荷蘭皇家航空公司引領了航空業在這方面的發展，反過來，航空業又帶動了其他行業在社交媒體客戶方面的發展。

案例點評：想要個性化、反應迅速和有效的為客戶服務，放下電話吧（除非想通過電話找到社交媒體帳號）。社交媒體客戶服務給客戶提供了無與倫比的平臺、互動和便捷。對品牌來說，這意味著成本的節省和更多客戶滿意度及口碑行銷。如果你已經對傳統的電話客服感到厭倦，那麼去社交媒體平臺上尋找你想要的答案吧。

2. 你需要哪些社交媒體？

在社交媒體時代，企業需要用到社交媒體來進行交流這是毋庸置疑的。問

題在於社交媒體的種類如此之多，我們到底需要用到哪些社交媒體？

(1) 社交媒體評估

在很多時候，所有類型的社交媒體都被混為一談，被歸為一種媒體類型。事實上，行銷人員已經注意到顧客是抱著不同的目的和方法去選擇與使用這些社交媒體的。因此，當你要為各種各樣的社交媒體分配行銷資源時，類似於傳統的媒介組合策略，你同樣需要做一個社交媒體組合。在做這個社交媒體組合策略之前，你需要瞭解目前幾種領先的社交媒體的特點，尤其是它們的不同之處。

並非所有的社交媒體都是相同的。從技術層面上來說，社交媒體平臺的變化隨之導致應用和功能規則的變化（如在微博上發言不能超過140個字符）。與此同時，人們在使用這些平臺或應用時又是變化萬千的。下面讓我們來看看這些社交平臺規則之間的關係以及人們是如何使用這些社交媒體的。

我們用兩個維度來描述社交媒體的差異。這兩個維度分別是信息保留期和信息深度。信息保留期指的是信息在某個社交媒體平臺上或硬件終端上（如手機屏幕）保留的時間。例如，微博上的信息在終端屏幕上快速地刷新，或許只保留幾秒鐘或幾分鐘。企業都希望其發布的信息可以保留較長的時間，但該信息保留期的長短取決於諸多因素，如微博本身、跟帖用戶的數量等。信息深度是指信息內容的豐富程度以及觀點的質量和數量。例如，一個在線社區論壇可以匯聚大量的涉及一個主題討論的非常豐富的信息（如汽車之家論壇，http：//club.autohome.com.cn，月度覆蓋人數接近8,000萬，是全球訪問量最大的汽車論壇網站）。

我們可以用這兩個維度來展現不同類型社交媒體間的區別，從而可以識別出最合適的社交媒體來為行銷服務。以下是當前最流行的幾大社交媒體，它們在以上兩個維度的表現如下：

微信是社交媒體平臺的典型代表，它傳播的信息相對淺顯，存留期較短。這種類型的社交媒體可以用來發布快速、簡短的對話和受眾參與。同時，這類媒體在一天中的任何時候都顯示出了積極的參與度。行銷人員或組織可以利用微信公眾號來與其顧客建立聯繫並進行交流。許多企業的微信公眾號頁面上包含非常有深度的信息，包括企業自身和粉絲顧客的內容。微信的信息存留期相對較短，但通常會保留下來。微信在影響和追蹤消費者對產品與品牌的信任和態度方面有著重要作用。例如，可口可樂公司的可樂標籤應用可以讓顧客把日常生活中印有可口可樂的易拉罐、玻璃瓶或者喝可樂模樣的照片發送，同時可以追蹤顧客的態度。

最佳實例：星巴克的「魔力星願」微信活動

為了迎合聖誕節，星巴克在 2012 年 11 月 6 日—11 月 30 日推出「魔力星願店」，接著在微信上還策劃了「魔力星願 12 天」活動。12 月 1 日—12 月 12 日，「魔力星願 12 天」活動期間，關注星巴克微信的粉絲可以通過微信互動獲得獨家優惠，每天優惠的內容不一樣，如咖啡杯、咖啡粉等。同時，設定了星巴克的專屬手機壁紙 12 份，回覆數字 1~12 即可獲得。最終，「魔力星願 12 天」獲得了很好的活動效果，僅 2012 年 11 月 30 日這一天，幾小時內，星巴克官方微信公眾號就獲得了近 38 萬條粉絲發來的消息，微信粉絲的活躍度非常高。同時通過優惠券在實際門店購買商品的數量也很可觀。

微博傳播的信息通常較淺顯，留存期較短。在建立品牌時實現類似產品認知和品牌回憶等方面，微博通常是最佳選擇。作為一種快速和簡單的信息傳遞方式，微博非常適合在一個簡短主題下維繫顧客，而這剛好契合了這個「繁忙」的時代——用戶們一天到晚總是很忙，他們的時間變得越來越「碎片化」。在這個忙碌的、「碎片化」的時代，微博「簡單、快速」的特點剛好使其得以大行其道。因此，許多精心建立的品牌都利用微博來維繫它們在顧客中的第一心智地位。

最佳實例：小米手機的官方微博

小米手機的一個官方微博（新浪微博）帳號擁有 1,500 萬名粉絲。這些微博討論的內容包括推出的新款手機以及公布活動中獎名單等。得益於其龐大的粉絲群體，小米手機每發一條博文，幾乎可以獲得 10 萬條轉載量和上萬條回覆評論量。小米公司的微博幾乎每天更新。而且它們的博文既不會擠占顧客的屏幕，又能恰到好處地使顧客看到品牌、記住品牌。

在線社區屬於保留期長、有深度內容的信息類別。在線社區把人們聚到一起，包括顧客和企業，共同就各種各樣的話題進行互動討論。它能吸引具有多樣性的、擁有不同背景的人們，討論的話題深刻且可持續時間較長，甚至可以長達數年之久。在線社區的內容反應了非常多樣化的觀點、更豐富的對話以及長期的參與。因此，在線社區非常適用作為建立和維繫客戶關係的工具，它能有效地促進顧客和組織（品牌或產品）間關係的建立與維繫。

最佳實例：惠普公司的在線社區

惠普公司（HP）就是通過一系列在線社區來維持顧客關係的。這些在線

社區聚焦各種各樣的支持和與品牌相關的話題，如顧客支持、印刷、信息管理、IT資源、小型企業甚至遊戲論壇。這些社區都由HP的人員來維繫和調控，使公司與顧客間能進行內容豐富的交流。這些社區促進HP加強了與顧客間的關聯，並且又與潛在顧客建立了新的聯繫。當然，其他形式（如顧客與專家間的聯繫）也可以形成和管理與品牌相關的在線社區。這類社區包含各式各樣的目的，包括向顧客和組織分享信息、提供指導、宣傳品牌以及提出建議。例如，MacRumors（一個專注於和蘋果公司相關新聞與小道消息的網頁）會提供有關蘋果公司和與之相關產品的信息，購買指導，並且該社區論壇包含超過1,000萬條帖子，這些帖子由超過50萬名會員發布。雖然這個網頁並不是蘋果公司的官方網頁，但是這些信息和指導都是重要材料，可以用來為蘋果公司人員調查顧客的觀點意見，並可以使顧客參與到關於蘋果公司的各個方面，如它的產品和品牌中來。

資料分享：移動互聯網時代，哪些是最流行的APP？

移動互聯網時代，APP大行其道，越來越多的企業把愈來愈多的行銷預算投入手機APP當中去。以下是2015年9月—2016年9月的國內Top APP的一些應用情況，有助於幫助公司瞭解目前國內的APP應用現狀。如圖5-1所示。

從使用時長上看，APP總體從2015年的61個小時（相當於每天兩小時）增加到了73.9個小時（相當於每天兩小時二十五分鐘）。我曾經無意中聽到兩位年輕人的對話：一位年輕的女生對她的朋友說，她自從換了一部大屏幕的華為手機後，其私人的筆記本電腦幾乎兩個月都沒有打開過了。這是否意味著，除了上班時間，年輕的用戶們正在逐步拋棄PC？對於PC廠家來講，這真是一個令人沮喪的消息啊。

2016年9月以MAU［Monthly Active Users，月活躍用戶數，即截至當日，最近一個月（含當日的30天）登錄過該APP的用戶數，一般按照自然月計算］為標準，排名前30名的APP如圖5-2所示。毫無意外，高居第一位的還是微信，QQ和微博緊隨其後。值得注意的是，排在前10名的APP當中居然出現了三個視頻類APP，它們分別是：騰訊視頻、愛奇藝視頻和優酷視頻。從前10名來看，用戶們最中意的APP其實主要分為四類：第一類為微信和QQ這類即時通信工具，第二類為手機淘寶和支付寶這類「剁手黨」們必備的「血拼」工具，第三類是微博，第四類則是視頻類APP。

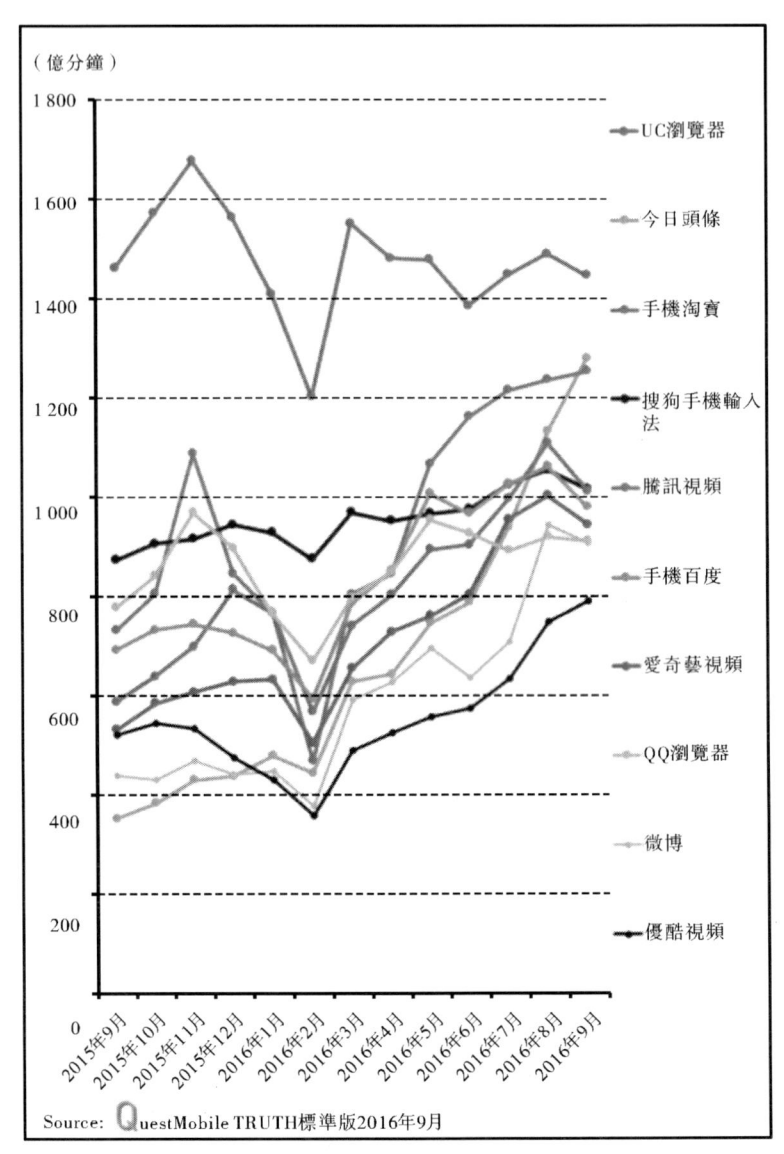

圖 5-1　Top APP 月度使用總時長

　　最近在線視頻也很火爆（如圖 5-3 所示），第一名騰訊視頻每日的活躍用戶數可以達到近 1 億的水平，前三名每日的活躍用戶數幾乎都在 5,000 萬人以上，這個數字已經超越了世界上大多數國家的人口數量，這實在是令人嘆為觀止啊。

1	微信	81 777	32.8%	62 516	569.5	103.7	104.4
2	QQ	56 539	0.1%	29 233	229.0	121.1	101.0
3	手机淘宝	43 328	42.7%	15 285	63.3	165.5	113.1
4	微博	39 060	79.0%	10 533	52.0	216.7	92.6
5	腾讯视频	37 849	71.8%	7 962	36.2	139.5	95.6
6	支付宝	37 410	65.9%	8 436	21.3	166.4	130.5
7	手机百度	35 835	34.9%	10 455	53.7	109.8	117.1
8	爱奇艺视频	34 764	72.0%	6 868	35.4	162.5	78.3
9	搜狗手机输入法	29 451	17.9%	15 760	1 070.7	134.4	83.3
10	优酷视频	29 250	54.9%	6 010	35.1	189.5	83.1
11	QQ浏览器	28 117	46.5%	9 776	59.2	99.9	131.2
12	WiFi万能钥匙	26 314	74.4%	7 280	32.8	141.1	77.1
13	UC浏览器	25 158	25.0%	8 781	89.7	76.3	134.0
14	百度地图	22 657	15.1%	2 584	10.8	121.1	140.5
15	酷狗音乐	21 790	7.1%	5 601	52.1	117.5	125.0
16	QQ音乐	21 754	50.5%	4 090	38.9	162.0	63.8
17	腾讯新闻	20 768	29.3%	8 045	55.1	106.0	130.1
18	应用宝	19 611	35.3%	2 746	10.3	100.2	130.9
19	腾讯手机管家	18 542	42.0%	5 766	30.3	110.4	93.7
20	360手机卫士	16 859	57.9%	7 323	74.2	106.9	94.9
21	美团	15 956	18.6%	2 159	15.1	214.5	134.0
22	手机京东	15 497	68.3%	2 291	23.5	138.2	216.0
23	高德地图	15 376	38.9%	1 959	14.1	83.7	275.4
24	百度手机助手	14 977	54.4%	1 475	8.2	88.5	119.2
25	小米视频	14 659	22.9%	1 835	15.6	60.0	75.7
26	美颜相机	14 578	47.5%	2 373	14.0	240.9	48.6
27	今日头条	14 547	138.9%	5 754	96.4	97.8	128.2
28	美图秀秀	14 348	20.2%	2 521	20.7	247.2	75.4
29	OPPO软件商店	13 309	58.0%	1 085	4.4	183.3	68.3
30	华为应用市场	13 040	28.7%	1 282	9.0	79.0	197.4
31	开心消消乐	12 782	12.6%	4 506	66.0	184.7	84.4
32	快手	12 583	83.8%	3 167	50.0	182.3	57.7
33	360手机助手	11 182	-10.8%	1 866	13.1	71.5	174.0
34	墨迹天气	11 142	-2.3%	3 654	30.1	89.9	189.3
35	酷我音乐	10 241	33.1%	2 072	37.0	97.5	64.8

圖 5-2　國內 Top App 前 30 名（以 MAU 計）

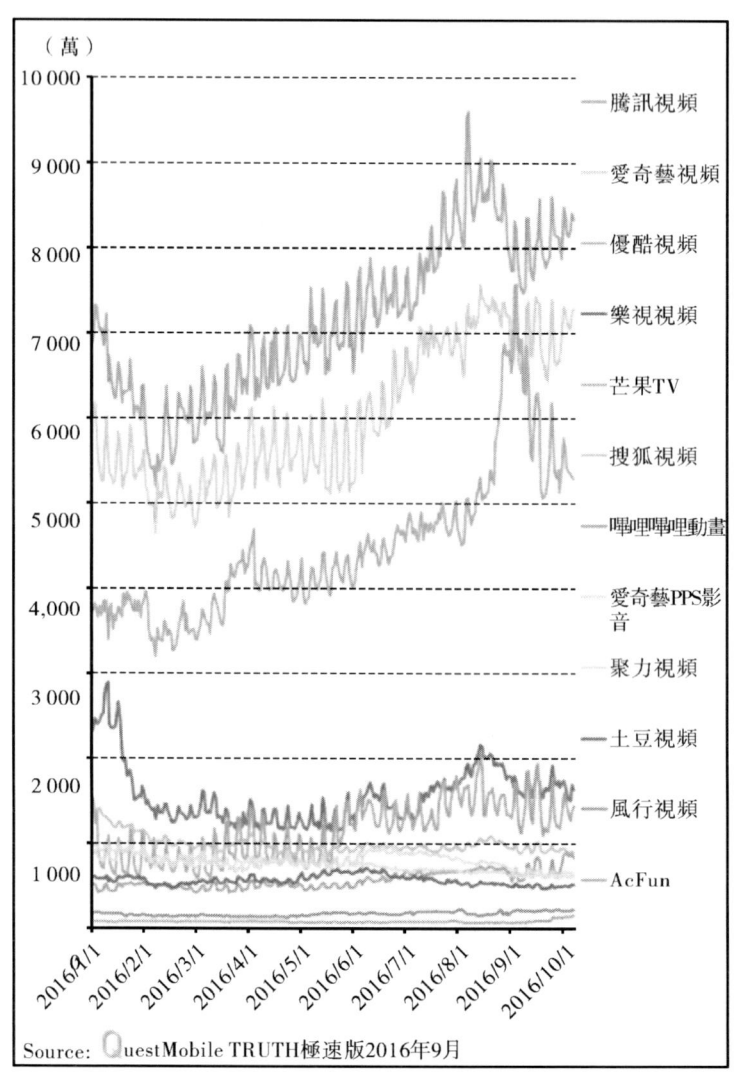

圖 5-3　在線視頻 APP 每日活躍用戶數量

微信與 QQ 同屬一家公司，同為即時通信工具，到底誰才是老大？圖 5-4 揭示了微信後來居上，且領先越來越多。那麼，很多讀者會有一個疑問：對於微信和 QQ，騰訊公司未來會如何決策？是做差異化凸顯二者的不同，從而讓二者長期並存？還是干脆用微信完全取代 QQ？這似乎有點左右為難。不過，至少目前絕大多數用戶似乎並不介意在其手機上同時保留 QQ 和微信。未來會怎樣發展？讓我們拭目以待。

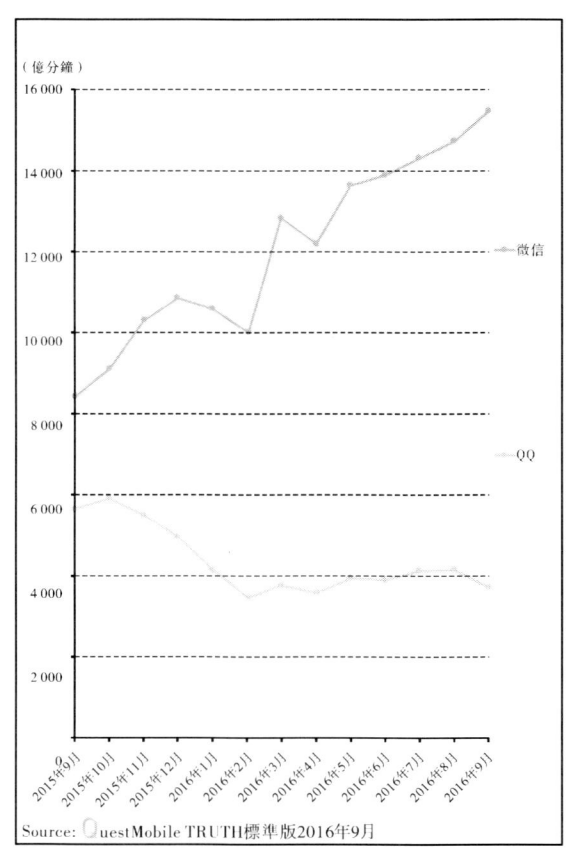

圖 5-4　微信和 QQ 月度使用時長趨勢

（2）社交媒體組合

從一個最符合你行銷目標的社交媒體開始。評價完各種社交媒體之後，是時候提升你的線上表現力了。從選擇一個最符合你社交媒體目標的社交媒體開始。如果你已經有帳號，最大可能地維護並更新它們。每個社交媒體都有不同的用戶群體，也應該被肯定。你應該想辦法去優化你的社交媒體組合，以達成你的行銷目標。

①三種社交媒體的組合使用方式

有效地利用社交媒體是一項重要的資金和技能組合。我們根據傳統和創新兩個要素來介紹三種社交媒體使用方式。

第一種，傳統組合方式。這種方式類似於傳統的行銷媒介組合策略，它把社交媒體與那些已長期存在的行銷媒介（如電視、廣播、報紙）等同對待，通過運用可靠且真實的度量去獲得有關已經確立的行銷關鍵結果的可預測回

應,同時評估投資回報率。

第二種,試驗方式。這種方式是指通過測試和學習,從而發現與社交媒體有關的重要因素和關鍵結果。當然,它也有傳統的一面,即把社交媒體決策和行動與投資回報率聯繫起來。但在這一方法當中,我們或許可以把它稱為社交回報率。

第三種,社交方式。其目的是去發現社交媒體固有或者截然不同的因素(如以一種更人性化的聲音而不是官方的聲音與消費者溝通)。

②社交媒體行銷預算

由於各種原因(如組織或工業結構,對社交媒體瞭解和使用經驗的程度不同等),目前極少有企業側重以社交方式來使用社交媒體。因此,此處重點闡述前兩種社交媒體組合使用方式,它們主要以行銷的投資回報率為目的來使用社交媒體。

一般說來,行銷人員都會在媒體傳播中有一份開支預算以實現企業的行銷目標,如投資回報率。傳統媒體在傳遞信息時的花費使用現金,這部分常被算作成本性開支。但是,由於社交媒體還具有關係行銷導向的特點,在社交媒體上花費的同時又是一種以投資為特點的花費過程(如建立和維持顧客關係)。此外,人們常常覺得通過傳統媒體傳遞的信息是直接出自行銷人員之手,即一種未編輯過的聲音。但是,運用社交媒體傳遞的品牌信息,通常不會被看成直接出自品牌行銷人員之手,而且由於使用了真實的語氣方式,所以更不會被看成出自一位非行銷人員之手。運用社交媒體可以使企業更重視參與到消費者中間,並向消費者進行「傳道」(從消費者口中產生關於品牌的積極詞彙,參與到一個品牌的對話中)。

第一種社交媒體組合方式——傳統組合方式只是把社交媒體當作媒體傳播渠道的一種。這種方法尋求以最優化的開支去實現已經確定的行銷目標,並且去感知或評估未來行動,即可接受的投資回報率。這種方法就像傳統媒體行銷那樣,它的特點在於資源或現金主要用於由行銷人員製作的信息直接傳播上,而且與之相關的行銷決定在於如何把資源或現金分配到每種媒介。

第二種社交媒體組合方式——試驗方式與傳統方法有一點不同,表現在行銷人員覺察到社交媒體與其他媒體渠道不同,所以不會把它們等同對待,並且需要社交回報率的證明。使用這種方法的行銷人員,除了要評估如何給每個直接傳遞信息的媒體分配資金外,還會做出建立社交關係的投資決定。但是這個投資決定只是作為刺激或者促進傳播,而非強制或要求其他人去傳遞提及品牌的信息。

例如，如果是做一定預算內的傳統媒體開支決策，行銷人員將要決定的是如何分配在各種渠道傳遞行銷人員製作的信息上的資金。但是，如果是做社交媒體開支決策，行銷人員則會把相同數量的資金用在使其他人傳遞信息，這些信息則涉及行銷人員的品牌。這些開支並不是用在傳遞由行銷人員直接製作的信息上，而是用在使其他人去傳遞涉及品牌的信息上（社交媒體也會有一部分資金用於傳遞直接信息。這裡為了突出與其他媒體開支的不同，我們假設社交媒體不傳遞由行銷人員製作的信息）。

③實現社交宗旨

無論使用哪種社交媒體組合方式，最終都需要達成我們的社交宗旨。那麼我們將如何使用社交媒體去實現社交宗旨呢？在這個框架中，我們關注的是過程或者機制，從而使其他人（如顧客）用他們自己的話，以一種管理者的觀點自發地傳遞與組織、品牌、產品相關的信息或行為。從某種意義上來講，他們其實就是行銷人員。但不同的是，他們有著不同於真正行銷人員的動機與偏好。可以確定的是，行銷人員仍然致力於傳統行銷目標的實現，如促進購買。然而，專注於實現社交宗旨的社交媒體開支卻與之大不相同。

一個傳統的行銷過程由以下過程構成：首先細分市場；然後確立目標市場，進而選擇媒介來傳遞合適的內容；最後促使消費者接收信息從而促進購買。然而，一個以實現社交宗旨為目的的行銷人員則會完全不同。他會首先評估各種媒介以找出消費者感興趣的內容（如品牌或產品的提及），然後識別消費者個人如何與這些內容聯繫（如顧客如何表達他的滿意或不滿），進而決定是否要把這類人群作為目標對象，最後向這類目標對象進行「傳道」。

這與那些有著雄厚資金和影響力的傳統組織所實施的強化聲音和控製媒體的現狀相比，是截然相反的。目前看來，通過建立社交關係，顧客的聲音正在占據著社交空間。已經有許多公司的實踐都證明了這比那些傳統組織強多了（如顧客之間固有的相互信賴、社交空間的開放性）。公司組織可以通過投入資源與他們建立聯繫，以點帶面，從而建立起更多的社交關係。

最後要指出的是，已經有組織開始建立社交媒體任務控製中心。通過這個控製中心，組織可以實時監控社交媒體空間的動態，參與其中，對此做出分析，並能分享觀測到的現象和對於組織自身的分析。例如，百事公司旗下的佳得樂飲料已經通過監控社交媒體建立起一個任務控製中心，並且已經與上千名顧客進行了交流，在開發新產品配方時評估了顧客的偏好。而戴爾公司也即將推出它的自有社交媒體任務控製中心。

社交媒體既不是傳統市場行銷的完美替代物，也不可以以一概全。行銷人

員可以有效地利用社交媒體把信息直接傳遞給消費者，同時聚焦傳統目標的實現。在這一過程中，行銷人員應該去認識不同社交媒體組合的要素，然後為實現行銷宗旨採取相應的行動。同時，認識到社交媒體是一種重要財產也很重要。至少到目前為止，社交媒體能對顧客施加影響，並能建立起組織與個人之間的關係。

案例分享：平臺功能規劃——點點客微商城解決方案

人人店微商分銷系統是上海點點客信息技術股份有限公司旗下的旗艦級移動電商平臺產品。該系統可以幫助用戶快速獲取客戶、收入和銷售網路，助力傳統企業、電商、微商等各類用戶快速轉型，建立屬於自己的移動電商行銷網路（如圖5-5所示）。該系統自上線至今，已有超過60萬戶微商入駐，獲得了良好的營運效果。下面我們來看看該微商城的平臺功能規劃，探尋它是如何運作的。

圖 5-5

目標：打造真正的微信購物平臺一站式服務。

三大功能：傳播、銷售、互動。

(1) 傳播：商鋪微網站、商品分享、圖文推送、智能搜索。

微網站：海量炫酷商城模板、支持多級頁面編輯、多圖文 Banner 滾動顯示、一鍵轉化 APP。

商品分享：用戶將商鋪和商品直接分享到微信朋友圈，增加曝光率及關注用戶，如圖5-6。

圖 5-6

　　圖文推送：新款上市及時推送、促銷信息迅速傳達、店鋪動態隨時分享。
　　智能搜索：發送商品關鍵詞、直接推送相關產品信息、智能匹配商品信息。
　　(2) 銷售：在線支付、一鍵撥打、訂單狀態查詢。
　　在線支付：手機直接下單訂購、只需填寫收貨人信息、一分鐘完成訂購，輕鬆在線支付，如圖 5-7 所示。

圖 5-7

　　一鍵撥打：用戶電話諮詢、無須輸入電話號碼、點擊直接撥號，簡化用戶

第五章　交互體驗　103

操作，如圖 5-8 所示。

圖 5-8

（3）互動：智能客服、會員卡、優惠券、微遊戲、微娛樂、一鍵兼容。

智能客服：用戶提問、自動回覆、智能分析、自動學習、24 小時專業客服，如圖 5-9 所示。

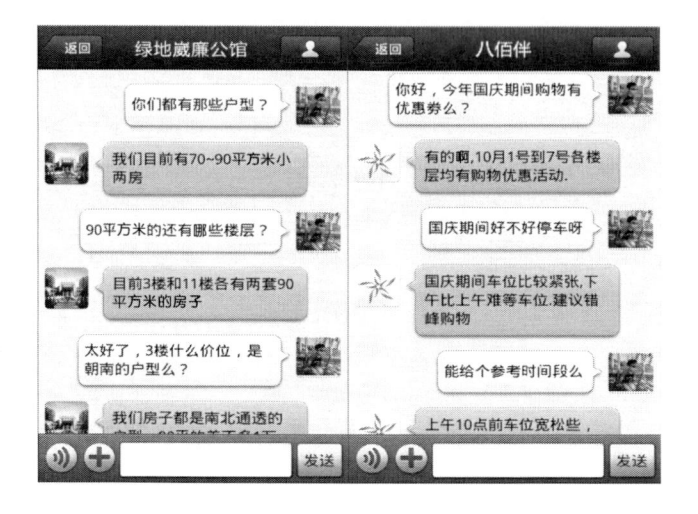

圖 5-9

會員卡：海量精美模板待選、傳統會員卡信息直接導入、關注即可領取，如圖 5-10 所示。

圖 5-10

優惠券：海量精美模板待選、設計和使用兩權分離、獨創掃描二維碼驗證、使用情況隨時查看，如圖 5-11 所示。

圖 5-11

微遊戲：刮刮樂、大轉盤，如圖 5-12 所示。

圖 5-12

微娛樂：經典笑話庫、微信翻譯、快遞查詢、趣味問答、天氣查詢，如圖 5-13 所示。

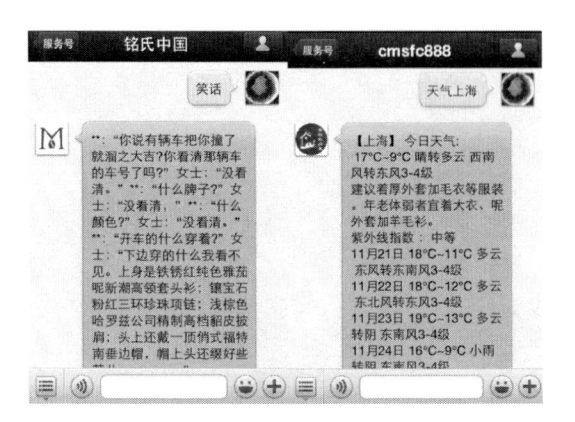

圖 5-13

一鍵兼容：微信易信公眾平臺帳號一鍵綁定、一次編輯、微信易信同時生效，如圖 5-14 所示。

圖 5-14

點評：通過這個案例我們可以發現，當前的社交媒體有一種融合的趨勢。就一個微信平臺，只要我們規劃得當，就可以實現行銷的諸多功能，從信息傳播到互動體驗再到產品銷售。當然，社交媒體行銷僅僅依靠微信還不夠，我們還需要把微博、在線視頻、在線社區等主流社交媒體有機地組合起來，發揮整合的效果，去幫助我們達成行銷宗旨。

（二）如何營運你的社交媒體平臺？

1. 社交媒體平臺如何吸引粉絲？

微信是目前最火熱的社交媒體平臺。下面我們以微信為例來談談如何吸引粉絲。

（1）微信 SEO

微信 SEO 是在申請微信的時候就應該做的，申請的時候最好是行業詞。許多行銷者為了能夠讓別人記住該公司的品牌，選擇了其公司的品牌詞作為微信的帳號，這其實是一個不太明智的做法。不要忘了，一個人可以註冊 5 個微信號，試著用其中 4 個帳戶做行業詞，用 1 個帳號做品牌詞的微信即可，故而做微信 SEO 名稱是關鍵。此外，是微信的認證。認證後的微信會比未認證的微信更具有排名的優勢。

（2）各種社交媒體平臺推廣

◆微博平臺推廣

微博用戶導流：微博用戶與微信用戶的重合度很高，如果你的微博上有粉絲累積，那麼你可以直接導流到微信；如果你的微博沒有粉絲累積，那麼你可以製作高質量內容，通過被轉發獲得關注，然後進行導流。

微博圖片推廣：不管是個人微博小號還是官方號，都可以在微博配圖的最底下加上二維碼。有人會吐槽說被用戶天天看到，會不會讓人討厭？但這是最不傷害用戶的方式之一。因此，不管用戶的看法如何，我們都需要去嘗試。

微博大號推廣：有很多草根微博大號靠這種方式做微信都非常快地獲得了很多粉絲。當然，也可以利用自己的資源跟別人互換。但是對於沒有資源的新手，只能付錢給一些微博大號進行推廣了。

◆微信平臺推廣

微信互推：我相信你經常可以看到別人微信公眾平臺分享的文章底部有其他微信二維碼，或者是原文鏈接裡面有其他二維碼，其實他們是在做微信互

推，找一個粉絲相當、瀏覽量相當的微信，你推廣我，我推廣你，這種方法也被稱為資源互換。目前有專業的微信互推平臺。

微信聯盟：類似廣告聯盟一樣，在微信大 V 文章下面推廣你的微信，有按照點擊、按照關注來計費的。微信官方也有這樣的推廣形式，但是單價比較高，點擊一次大概為 5 元錢，相對而言就不劃算了，還不如使用第三方的廣告聯盟。

微信大號直推：如果你的內容不如別人，那麼你就要付費找微信大號轉發，但前提是這個大號的粉絲要與你的目標客戶重合度很高。知名的微信大號資源平臺有很多，如城外圈、微推寶、活力兔、微播易等。這些都是比較知名的平臺。怎麼挑選合適的微信大號資源？第一看粉絲數，第二看閱讀數，第三看評論數，第四看評論的內容。這些都是查看一個微信資源好壞的最直接的標準。通過對比，你可以發現一些較好的微信大號資源，如城外圈，資源多，很多都是高活躍度的微信大號資源，其推廣效果自然也不錯。

微信合作互推：這雖然是微博上的玩法，但用在微信上的效果也不錯。微信互推的效果遠比微博互推的效果好。先做到 1,000 名粉絲後開始找人合作互推，若每次效果好都會獲得上百名粉絲。所以，做微信合作也很重要。

微信群推廣：參加和你的內容的類型一致的群，因為這裡才聚集著你的目標客戶，在合適的時機提供有價值的內容。

微信個人帳號推廣公眾號：個人帳號推廣公眾帳號是一種常規的推廣形式，比如你在發表文章的時候可以填寫你個人的微信帳號，那麼用戶添加你的微信的時候都是直接加了你的個人微信。這樣做有兩個好處：一是那些主動加你微信的好友通常是比較活躍的；二是這樣推廣出來的粉絲相對其他推廣出來的粉絲更加精準。當你分享這個行業的內容，一定會是他們想關注的內容，自然增加了關注率，同時也增加了精準粉絲。這是一個現有的且可利用的資源。

基於 LBS 推廣：這是一種個性簽名的推廣方法，設置好誘導的個性簽名後，查看附近的人，然後你就進入了附近的人當中。這時你的個性簽名就進入了別人的眼球中，自然關注也就增多了。

◆QQ 平臺推廣

QQ 群推廣：現在幾乎進入任意一個群，你都可以看到這些群會有公開的二維碼，而不是以往的網站了。為什麼用二維碼呢？因為二維碼可以綁定一個用戶，而網站就不行。建立一個 QQ 群，QQ 群的名稱使用行業詞，然後把 QQ 群排名做上來，再在群公告裡面掛上你的二維碼，一個行業稍微熱門一點的詞，一天可以加到幾十個人，QQ 群的二維碼展現量也就出來了。但是 QQ 群

搜索是根據地域來區分的，這樣全國都能夠搜索到你的QQ群了，QQ群的二維碼展現量也就多了。

QQ空間推廣：QQ空間每天活躍一下，一條說說做到幾百個訪問是不成問題的。如果利用QQ空間去推廣微信二維碼，肯定是一個很好的方法。

◆網站推廣

網站平臺推廣：試著在博客或者網站將二維碼貼在醒目的位置，比如在你的淘寶店上，你可以在寶貝詳情頁面、付費頁面等放一個微信二維碼，其關注率會非常高。目前通過網站關注微信的會比點擊QQ的多，所以貼QQ客服不如貼個二維碼實在。

百度排名推廣：使用第三方微信導航平臺，名稱輸入「競爭對手品牌詞」，由於第三方微信導航平臺權重相對比較高，所以提交審核後，排名相對比較快，一次性可以提交多個競爭對手。試想一下，幾乎任何一個競爭對手的百度搜索結果頁面都會展現你的二維碼，關注的人自然不會少。

◆其他免費社交平臺推廣

在論壇、博客、貼吧、知乎等上面發布高質量的文章，然後將用戶想要的好處建一個門檻，即只有關注公眾號才能獲得。這類推廣也需要技巧，比如貼吧，可以將二維碼做成簽名圖片，這樣幾乎你的每一次評論都是一次宣傳推廣，且不容易被刪除。

（3）內容推廣

內容推廣的主要目的是為了穩住現有的粉絲，其實通過查看微信公眾號的內容然後分享的人非常少，除非內容做得非常好。但是一個沒有內容的微信公眾號取消關注率的概率非常大。試想一下，人家關注你的微信，就是來看內容的，如果沒有內容，那別人還怎麼看。另外，推送內容最好準時，好比早餐新聞三分鐘一樣，每天早上準時推送出來。據微信官方數據統計，通過朋友圈關注微信公眾號的占比為80%，這也意味著朋友分享力量是不可忽視的。

投稿推廣：是一種良好的內容推廣方式。投稿推廣的主要平臺有久聞網和今日頭條。在推廣微信公眾平臺，久聞網上一天可以增加幾十名粉絲，久聞網平臺更容易被推薦到首頁，故粉絲增加得比較快。而今日頭條的用戶比較多，所以就算沒有推薦一樣也有上萬的閱讀量，粉絲一樣增加得非常快。這兩個平臺加起來一天有百多名粉絲算低的，如果多個平臺一起投稿，粉絲增加速度會更快，前提是必須會寫文章。

問答推廣：是最具有效果的一種推廣形式。比如你是做某個行業的，你在回答問題的時候貼上二維碼，只要回答專業，人家不但會採納，還會關注你的

微信公眾號。

軟文推廣：當你打開搜狐新聞 APP、網易新聞 APP 的時候，你會發現裡面有很多文章中間插入了微信帳號。如果在搜狐被推薦到首頁，一篇文章至少有十萬閱讀量，而關注的人至少有幾百。

(4) 活動推廣

一個不會策劃活動的微信，絕對是等死的微信，所以微信需要不斷策劃活動來推廣你的粉絲。設計活動投票吸粉「我家寶寶參加了繪畫大賽，請給 34 號投一票吧」「朋友們，請幫忙給 76 號投個票吧」。在使用微信的過程中，幾乎每個人都曾經收到過這樣的微信消息。朋友圈中更是被各種最美家政員、最棒員工、繪畫小天才等拉票活動直接刷屏。基於活動推廣可分為線上和線下。線上方式包括互聯網和微信活動，方式眾多。比如在微博上發起活動，關注就有機會獲得禮品。或者在微信裡發起活動，介紹身邊的朋友即可獲得折扣禮品等。線下方式可參考微博，比如餐廳需要推廣自己的微信號，只要推出活動讓每個來的客人關注微信公眾號即可享受折扣或送某某食物等。這類微信投票點開鏈接以後，都需要先關注微信公眾號，有的還需要輸入手機號或者轉發朋友圈才能參與。通過這種方式，也可以吸引不少粉絲關注。

線下推廣：包括我們常見的公交站臺、公交車等付費的線下推廣。線下推廣的方式很多，如貼廣告、在自己擁有的資源裡放廣告位等進行宣傳。當然還可以在街上或地鐵口派發宣傳單。相對而言，線上推廣還要繁瑣一些，但是效果也還是不錯的。例如：選擇用戶產品使用場景來推廣二維碼等，讓用戶感覺是你在幫助他從而不會產生對廣告的抵觸心理；淘寶店發貨附贈優惠二維碼小卡片；西餐廳的桌子角附上二維碼以吸引小資用戶；家具組裝的說明書上附上二維碼為客戶在線解答疑惑；健身房發的傳單附上二維碼以推送課程安排與活動……細心觀察生活，你會發現許多類似的渠道。

(5) 事件推廣

善於利用社會上發生的熱點事件可以使你添加不少的微信好友。例如，你可以在微信中說，××事件的視頻只能夠在微信上分享，所以大家必須關注我的微信才能夠給大家分享，進而可借此增加不少粉絲。

(6) 遊戲推廣

「我倒車花了 16 秒，我是老司機，你能超越我嗎?」前段時間一款 2D 倒車入庫的小遊戲在微信朋友圈中瘋轉，你曬過成績嗎？其實這也是某公眾號為了吸引粉絲，投入人力、財力製作的小遊戲。利用了不少人攀比的虛榮心，讓大家爭相玩遊戲後，曬出成績找成就感。而每次轉發後，都是對其公眾號的一種宣傳。

類似小遊戲，還有設計「輸入名字查看性格」「輸入名字看你未來寶寶的樣子」等。事實證明，這些手法都吸引了不少網友，而這種創意是值得點讚的。

案例分享：乳山通微信公眾平臺兩周吸粉近 7 萬

乳山通微信公眾平臺於2014年3月21日註冊，2014年12月25日進行首次推送，2015年1月8日營運時粉絲數為891人，沒做任何推廣和引流，只是在PC端網站上放了二維碼供老用戶掃描；到2015年3月15日，粉絲增長到4,600人，在此期間主要依靠內容形成傳播增加粉絲；2015年3月24日—4月8日進行了為期16天的萌寶大賽活動，公眾平臺粉絲增量驚人，達到了72,020人，達到了一個看似不可能達到的目標。萌寶活動大賽的粉絲數據如圖5-15所示。那麼乳山通微信公眾平臺是如何在短短的16天就增加了近7萬粉絲的呢？

時間	新關注人數	取消關注人數	淨增新關注人數	累積新關注人數

運營伊始粉絲截圖

時間	新關注人數	取消關注人數	淨增新關注人數	累積新關注人數

活動開始前粉絲數截圖

時間	新關注人數	取消關注人數	淨增新關注人數	累積新關注人數

活動最後一天粉絲截圖

	A 統計日期	B 新關注人數	C 取消關注人數	D 增淨關注人數	E 累積新關注人數
3					
4	2015-04-08	1 396	1 004	392	72 020
5	2015-04-07	2 513	772	1 741	71 676
6	2015-04-06	2 090	709	1 381	69 900
7	2015-04-05	1 713	641	1 072	68 634
8	2015-04-04	2 296	670	1 626	67 568
9	2015-04-03	2 584	715	1 869	65 944
10	2015-04-02	3 887	894	2 993	64 070
11	2015-04-01	4 113	880	3 233	61 073
12	2015-03-31	4 705	875	3 830	57 824
13	2015-03-30	5 676	887	4 789	53 975
14	2015-03-29	5 769	990	4 779	49 194
15	2015-03-28	7 439	1 053	6 386	44 453
16	2015-03-27	9 607	1 135	8 472	38 027
17	2015-03-26	10 530	1 098	9 432	29 503
18	2015-03-25	12 132	994	11 138	20 014
19	2015-03-24	3 257	181	3 076	8 812
20		79 707	13 498	66 209	

圖 5-15　活動期間粉絲數據

乳山全市人口57萬，城區人口大約12萬，但公眾帳號粉絲增長十分乏力。同時區域競爭也十分激烈，一個小小的縣城，居然有不少於十個平臺型微信公眾帳號，有個別帳號已經有上萬名粉絲。作為後進入者的乳山通微信公眾平臺能否脫穎而出的確是個挑戰。

乳山通微信公眾平臺策劃團隊想到了利用微信社會化行銷屬性的病毒式傳播讓用戶幫忙推廣。投票則無疑是其中最好的一個活動形式。緊接著確定了「孩子」這個活動主題，因為每個家長都認為自己的寶寶是最好的。為什麼選擇「萌」寶呢？因為萌是一個模糊和主觀的概念，每個人都有自己的判斷標準，從而保證了活動的參與廣度。

後來通過調研其他社交媒體平臺發現，已經有平臺在做萌寶活動的了，很多縣級市也在做了，這證明團隊選擇的方向是對的。但是縣級市吸引粉絲1萬名，地級市吸引粉絲5萬名已經是很成功的了，而且本平臺只有4,600名粉絲。通過這個活動能增加1萬名粉絲嗎？接下來團隊在技術、策劃、招商、營運、推廣、客服等各個環節做了充分準備和危機預案後才小心翼翼地開始了萌寶活動。

以下是活動開始前對活動做的預估數據和實際數據匯總：

表5-1

萌瑩活動前期預估及實際值		
指標	預估	實際
活動收益	前期預估是0，甚至計劃獎品都由自己出	冠名費用40,000元，獎品價值總計100,000元左右
參賽寶寶（人）	1,000（非常理想的狀態）	2,800+
增長粉絲（人）	10,000（頂著壓力制定）	60,000+
投票人次（次）	50,000	3,500,000+
日最高瀏覽人次（次）	10,000	38,900+
瀏覽總次數（次）	100,000	4,500,000+
日最大增粉數（人）	2,000	12,000+
疲弱期	預計投票開始一周後，日瀏覽量會降至3,000人次左右	目前日瀏覽量在300,000人次

單日瀏覽量走勢圖（以3.25日為例）見圖5-16。

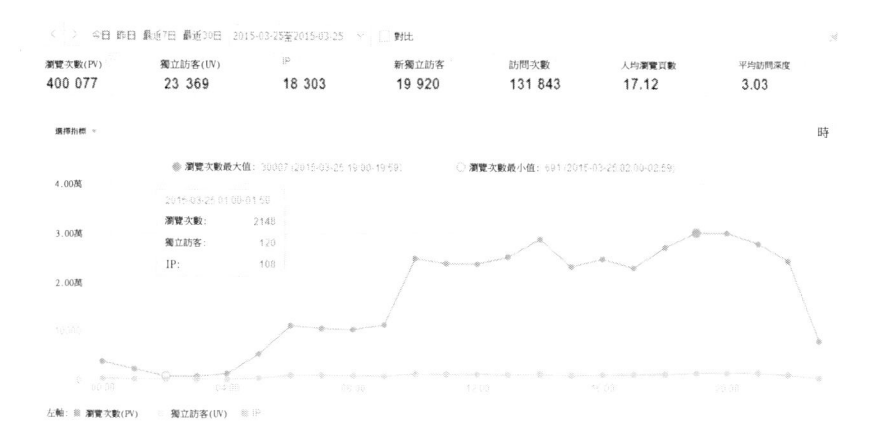

圖 5-16

当日獨立訪客 23,000 餘人次，頁面被訪問次數達到 400,000 餘次。每小時內的瀏覽次數（PV）在 30,000 次左右，每分鐘同時在線人數（UV）在 200 人左右。

從數據表現來看，萌寶活動已經取得了巨大的成功。活動開始之後家長對活動的參與和熱情度更是讓我們團隊成員嘆為觀止！

活動的成功少不了前期的策劃和營運，現在將整個活動從開始到上線的過程逐一呈現出來。

策劃期

首先對現有和已經結束的萌寶活動進行研究，萌寶活動基本大同小異。但是網上能公開看到的都是一些結果性的報導，而且一些成功的數據大多來自於已經累積了大量粉絲或者有一定 PC 端用戶累積的自媒體。那麼一個僅有不到 5,000 名粉絲的縣級自媒體怎麼才能獲得活動的成功？

團隊經過反覆的溝通和探討，確定了以下幾個活動要素：

（1）要給招商留足時間（約 10 天），不用懷疑獎品力度對活動熱度的影響。

（2）報名時間要和投票時間分開，進行活動預熱，累積第一批種子用戶，投票開始後啟動第一波裂變傳播，同時累積種子用戶熱情，投票開始後集中釋放。

（3）參賽寶寶的年齡：0~8 周歲。考慮到 2008 年奧運寶寶的集中出生，這個群體量其實不小。

（4）多渠道報名：考慮到縣級用戶第一次參加微信端的活動，不一定會

第五章　交互體驗

按照流程操作，所以在活動規則和所有宣傳頁面增加了客服人員電話和QQ報名，也增加了微信公眾平臺報名。事後發現很多用戶不會操作，通過後臺回覆寶寶照片和資料進行報名，最後由客服人員統一整理協助報名。

（5）票數設計：每人每天有三次投票機會，對同一寶寶僅可投票一次。這樣設置的目的是，讓投票用戶手中的投票權成為稀缺資源。

（6）活動規則：①每人只能報名一次（報名審核中篩選掉無用或重複報名信息）；②惡意刷票將取消活動資格；③每人只有一次中獎機會，以最高獎項分發獎品。

（7）推廣渠道：線上渠道要全部利用起來（QQ\微信\貼吧\郵件\網站），同時也要做線下渠道的推廣（DM\海報\橫幅\幼兒園對接）。在投票開始前3天線上和線下渠道全線推廣，設計了針對不同渠道的投放文案，最終在投票開始時累積了300多名第一批種子用戶。

（8）獎項設置。

一等獎1名，價值3,888元的由同泰電腦網路有限公司提供的華碩筆記本電腦1臺+價值688元的小阿福24寸韓國貝拉相框一個（含拍攝）；

二等獎1名，價值3,680元的開心居家淨水器一臺（含安裝）；

三等獎3名，價值1,300元的塔島灣5A淡干海參禮盒一份；

四等獎15名，價值598元的小阿福韓式水晶3件套（含拍攝）；

五等獎15名，價值380元的正華山莊乳山綠茶1提（2盒）；

六等獎40名，價值316元的由麗景華庭提供的「福緹•滴水灣」空中溫泉票2張；

七等獎30名，價值128元的我家牛排12寸披薩、盒裝6個蛋撻1份；

八等獎100名，價值108元的小阿福16寸拉菲爾或36寸掛軸兒童相框（含拍攝）；

參與獎2,000名，所有參賽者得票數超過10票者均由小博士提供價值68元遊樂場和遊泳卡各一份或遊樂場卡2張。

參與獎2,000名設置成10票很低的門檻就可以獲取，活動投票週期是14天，家長自己每天投一票就可以了。這樣設置的目的是，先報名的用戶在活動進行一半後票數已經和後報名的拉開了差距，讓後報名的用戶為了參與獎每天關注活動，進而一部分轉化為深度用戶拉票，產生持續裂變傳播。

招商期

首先根據獎項的設置，對不同層次的商家進行信息匯總。

此處建議試用Excel表格，方便篩選和錄入。

商家信息匯總上來之後，開始招商。招商環節需要著重考慮商家需要什麼，我們能給商家提供什麼，商家提供獎品和資金支持後我方能給商家什麼回報。團隊在招商手冊中給商家的回報是商家提供贊助價值兩三倍的回報。

除了獎品贊助商家，整個活動還需要有一家冠名商。本次活動最終選擇的冠名商是地產商。這家地產商的理念是品牌植入，建立友好的品牌形象，所以關愛嬰幼兒的溫馨主題就與他們的理念不謀而合。

推廣期

推廣期從活動投票開始前三天進行，基本貫徹整個活動的始終。

公眾平臺推廣

活動開始前三天，在公眾平臺推出關於萌寶相關的文章，文章類型可以以寶寶搞笑視頻和萌寶打扮類為主。文章一定是要能引起粉絲的轉發和共鳴類的。

投票開始前一天，公眾平臺文章的分條主圖可以做如下一個設計，以便引起現有粉絲對活動的關注，如圖5-17所示。

圖 5-17

QQ群(進群工作要在活動開始前3天完成)

QQ群推廣的第一步工作是搜索收集QQ群，收集完成後進行申請入群工作。進群後要按次序逐步開展推廣，QQ官方的屏蔽和群主對廣告的排斥還是很厲害的，一定要保證消息的到達率，從而挖掘幾萬QQ好友中的潛在用戶群體。因為在縣級市，一般很少有用戶集中聚集的平臺，QQ群還算是一個僅有的相對集中的渠道。

A. 上傳萌寶大賽活動說明群文件

B. 活動 DM 單上傳 QQ 群相冊

C. 發送 QQ 群郵件

QQ 郵件的彈出提醒顯示標題 14 個字，主文顯示 40 個字。這些文字要好好琢磨，保證郵件的打開率。

QQ 討論組

建立 QQ 討論組，將前期加的好友拉入 QQ 討論組中進行活動宣傳。討論組統一命名，形成轟炸效應的巨大影響力。現在一個 QQ 一天只能建立總共 80 人的討論組，所以要多準備些 QQ 才行。討論組發消息時會有聲音提醒，在發送消息的時候注意，要連續發送 3 條，從而保證打開率。

微信個人帳號集讚

該活動在萌寶活動進行中開展，注意這裡說的不是公眾帳號集讚，微信官方是不允許的。

在整個萌寶活動過程中，開啟了 12 輪集讚活動。集讚的獎品從幾十元到幾百元不等，逐步提升集讚獎品的力度！這個後來形成了一種習慣，每天中午用戶會迫不及待地問我們的活動會送什麼東西等。集讚活動是一種基於微信個人號朋友圈信息裂變傳播的好方法。

集讚活動主要是對公眾平臺不能參加萌寶活動的粉絲進行一個互動和獎勵，畢竟萌寶活動不是所有粉絲都能參賽的，在活動期間也不能冷了其他粉絲的心。

經過策劃、招商和推廣三個階段的準備，活動上線後是一個什麼樣子的呢？

活動期間，日最低瀏覽次數 76,605 次，最高瀏覽次數 454,983 次。

總訪問瀏覽次數 4,588,043 次，獨立訪客數 447,856 人。

如此巨大的人群湧入，對服務器和客服人員都是一個極大的考驗。這兩點策劃團隊在前期做了預估，所以沒有出現大的問題。

技術篇

技術也是活動成功的一大重要保障，不可忽視。

服務器配置：CPU：2 核　內存：4GB　數據盤：80G　帶寬：10Mbps

圖片上傳：微信今年初公開了 SDK，朋友圈語音分享就是在此基礎上開發的。利用 SDK 的圖片上的功能，這樣可以利用微信自帶的上傳圖片功能上傳圖片，然後從微信服務器下載到自己的服務器。用戶使用該功能更為熟悉，也更為便利。圖片上傳至微信服務器，減輕了服務器的帶寬壓力，不會出現上傳

時頁面卡死的情況。

OOS 操作：將參賽圖片存到阿里雲的圖片服務器，用戶讀取圖片時將從阿里雲圖片服務器上讀取，不再占用舉辦活動方的服務器的帶寬與內存，將 OOS 接口分別寫入，活動前臺上傳頁面，後臺添加作品頁面，並重寫了圖片圖區方式，經此修改服務器的高峰負載降至 50%~60%。

RDS 操作：將數據庫轉移到阿里雲的數據庫服務器，一方面降低服務器的 CPU 與內存的壓力，另一方面加強數據的安全性。將本地服務器同步到 RDS，並切換網站數據庫連接方式（論壇部分，微動力涉及活動的部分），經此修改服務器的高峰負載降至 30%~40%。

投票期間數據檢測：所有投票類活動不可避免遇到的一個問題就是刷票。針對此問題，九品堂程序人員對後臺進行了升級，可以實時檢測每天票數的變化情況。

客服篇

如此大的報名流量和投票流量，客服人員的諮詢量也是非常大的。如果單獨通過公眾平臺後臺回覆是來不及的，這時候就需要借助工具，如多客服系統的開發對接和第三方的自動回覆系統。

多客服：微信公眾平臺多客服系統類似旺旺子帳號，可以由多個客服人員同時進行客服接待工作。

微信 PC 端使用：活動開啓後，微信個人號也會有相對的諮詢量。如果這時候再使用手機微信進行回覆是絕對來不及的。所以，一定要試用微信 PC 客戶端在電腦上進行回覆，這樣一來多客服、QQ、微信都可以在一臺電腦上搞定。

關於粉絲疑問：關於投票疑問，發聲之前一定要在公司內部先做討論之後再去發聲，不能個人發聲，活動覆蓋面越廣存在的問題就越多。活動過程中因為粉絲網速問題會出現作品臨時消失或者圖片不存在的情況，要及時與技術人員溝通後恢復相應的數據。

資料來源：李勇 SEO 博客。

案例點評：一個簡單的、很常見的投票活動，在短短的半個月左右的時間內就可以在一個縣城「吸粉」近 7 萬人，這真不是一件容易的事情。這再次驗證了在微信等社交媒體上，投票類活動的確是增加粉絲的最佳選擇！當然，要想活動取得預期的效果，周密的策劃、強大的團隊執行能力和給力的技術保障也很重要，這幾個條件缺一不可。

2. 沒有活動，就沒有活躍！

搭建好你的社交媒體平臺，吸引了一定數量的粉絲之後，接下來一個很重要的任務就是讓你的平臺活躍起來，從而留住這些粉絲；而要想讓一個社交媒體平臺保持較高的活躍度，開展豐富多彩的活動則是行之有效的舉措。線上活動的形式包括秒殺、團購、有獎轉發、有獎徵集、網上評選和註冊送券等數十種。各種形式沒有優劣之分，關鍵在於結合活動目的和平臺的特點去選擇並且創新。各種各樣的社交媒體平臺的活動體現的是人的社會屬性，活動形式總結起來不外乎以下幾種：一是競賽類活動，體現的是人們之間的競爭對抗心理；二是獎勵類活動，體現的是人們之間的攀比炫耀心理；三是情感類活動，體現的是人們之間的慰藉共鳴心理；四是綜合類活動，該活動是以上三種活動形式的組合。

（1）獎勵類互動——與人比較

人們通常需要和別人相比，來彰顯自己的成功之處和與眾不同。中國有句俗話叫作：「富貴不能還鄉，則猶如錦衣夜行」，這體現的是典型的攀比炫耀心理。獎勵類活動即是利用人們的這種炫耀心理，在某個社交平臺上「曬」出粉絲們獲得的不同等級的獎勵，以此來激發人們參與的熱情，從而激發平臺的活躍度。

（2）競賽類互動——與人比賽

世界上絕大多數資源總是有限的，人們之間往往需要付出努力去爭奪有限的資源。競賽類互動其實就是在某個社交媒體平臺上投放一些有限的資源（如獎品、現金紅包），利用人們的競爭對抗心理，通過競賽讓人們去爭奪，從而激發人們的參與熱情。

案例分享：重慶銀聯 62 搶券活動，活動瀏覽量破 40 萬（O2O）

活動主題

2015 龍湖 & 銀聯卡購物節

活動時間

2015 年 5 月 25 日—2015 年 6 月 2 日

活動內容

「點殺 500 萬，快樂多一天！」5 月 28 日—6 月 2 日，「龍湖-銀聯卡購物節」瘋狂啟幕！持 62 開頭的銀聯 IC 卡及信用卡，在龍湖時代天街、北城天街及星悅薈三大商圈，近 400 家國內外知名品牌門店消費，即可享受單筆最多

1,000元鉅惠,手機在微信平臺搶優惠券。

宣傳期

整合龍湖以及多家銀行資源,同時製作並支撐七個放券渠道,分別為銀聯微信平臺、龍湖微信平臺、重慶銀行微信平臺、招商銀行微信平臺、郵儲銀行微信平臺、農業銀行微信平臺、龍湖APP平臺。

線上宣傳:貼吧、論壇、博客、微信大號軟文宣傳。

線下宣傳:展架、傳單、廣播、店員都是宣傳窗口。

活動效果

活動放券10萬餘張,搶券率高達70%。活動期間(10天),微信平臺搶券鏈接瀏覽量破40萬,訪客量破6萬,搶券當天10點整的並發量達7萬次。強大技術後援,讓線上與線下相結合的大型活動變得暢通無阻!

活動點評:該搶券活動的形式其實並不新奇,之所以取得不錯的效果,在於其中的兩個亮點。亮點之一是通過微信平臺整合了多方資源,包括幾大銀行、商圈的零售商等資源;亮點之二是活動的O2O——線上與線下互動實現了「1+1」大於2的效果。該活動的成功再次證明了社交媒體平臺對這個社會最大的貢獻在於改變了人們之間的交流溝通方式。

(3)情感類互動——抱團取暖

情感交流是人們社會屬性很重要的一個維度,也最容易打動人。情感類活動就是調動人們之間的情感交流,要麼在某個社交媒體平臺的粉絲之間形成情感的共鳴,要麼構建一個事件讓大家相互慰藉,所謂講「情懷」來動人。

案例分享:世界那麼大,我想去看看

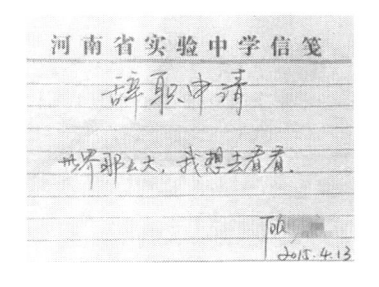

事件:4月14日一早,一封辭職信引發熱評,辭職的理由僅有10個字:世界那麼大,我想去看看。有人評論這是「史上最具情懷的辭職信,沒有之一」。經採訪得知,作者為2004年7月入職河南省實驗中學的一名女心理教師。如此任性的辭職信,領導最後真批准了。

點評：這封「任性」的辭職信成了舉國皆知的新聞，被大家各種解讀和效仿。這也許恰恰說明了，去外面的世界看看，是我們每個人在每天重複工作和生活之後的小小奢望，是那疲憊生活中的殘存理想。看似簡單普通的話卻是道出了大部分人的心聲，也就是我們所說的共鳴。

（4）綜合類互動——物質+精神

當然一個活動中，也可能同時用到獎勵、競賽還有情感幾種交互體驗形式，那麼這就屬於綜合類活動了。

案例分享：雲嶺永川秀芽微信商城活動

活動主題

（1）關注有禮活動，關注即可領取10元雲嶺永川秀芽微商城代金券；

（2）商城活動主題：「9.9元秒殺——正宗永川秀芽」；

（3）軟文主題：【火眼金睛】教你六招鑑別正宗永川秀芽！

活動構架

（1）微信平臺設置關注有禮活動，關注即送10元茶業商城代金券；

（2）雲嶺永川秀芽微信商城開展秒殺活動，9.9元秒殺真永川秀芽；

（3）活動軟文以及雲嶺永川秀芽微信平臺的宣傳。

宣傳渠道

雲嶺公司自身媒體資源，官方微信、微博、網站宣傳、重慶地區微信大號、微博大號、茶葉創建相關貼吧、論壇、問答、百科。

時間安排

（1）關注有禮活動

設置階段：2016年4月25日—4月28日

測試階段：2016年4月28日—4月29日

執行階段：2016年5月3日開始

（2）秒殺活動的設置、測試

設置階段：2016年5月9日—5月11日

測試階段：2016年5月12日—5月13日

執行階段：2016年5月16日—5月20日

網路推廣

2016年4月25—4月29日，完成軟文撰寫，包括：新聞稿2篇、微信2篇、貼吧2篇、論壇2篇、問答200組、百度百科1篇。

2016年4月29—4月30日，最終確定軟文稿。

2016年5月3日—6月1日，完成論壇發文200篇、貼吧發文200篇、問答200組、百度百科1個。

5月3日（周二）、5月6日（周五）、5月13日（周五）、5月20日（周五）在新聞網站、微信大號、微博大號分別進行一次活動軟文的宣傳。

活動效果

5月中旬接到雲嶺永川秀芽茶葉的推廣任務，公司及時反應，認真研究茶葉行業，搜索資料，同時研究知名茶葉四川竹葉青的線上網路推廣案例，且在5月底制訂初步適合雲嶺永川秀芽網路推廣方案。期間與雲嶺永川秀芽市場部經理經過5次細節方案溝通，如何更好地結合永川秀芽品牌產品特點做好線上網路推廣，6月份完成拍攝宣傳照片和撰寫執行軟文3篇。

6月中旬確定執行方案細則，6月中旬至6月底針對永川秀芽進行軟文撰寫確定，在微信、微博、論壇、貼吧、問答、QQ、文庫進行測試；7月初至7月底在微信、微博、論壇、貼吧、問答、QQ、文庫、線上商城進行9.9元包郵活動推廣，總曝光率達到24餘萬次，商城總瀏覽量2,502次，商城成交48件，成交轉換率為2%。在推廣過程中，曝光率達到一定量，但在轉化率方面未能達到預計推廣效果，從而需要調整推廣方案細節。

推廣數據

7月10日—7月28日，宣傳過程中完成總曝光24萬餘次，商城總瀏覽量25,020次，商城成交量480件，成交轉換率為2%。

重慶地區微信政務號4個：送達人數近10萬，0.4萬餘次曝光；

重慶地區微博大號（3個）：送達人數近236萬，20萬餘次曝光；

論壇50個，0.2萬餘次曝光；貼吧40個，0.2萬餘次曝光；問答50條，0.5萬餘次曝光；QQ：2萬餘次；文庫10篇；其中問答、文庫長期有效，為雲嶺永川秀芽提高搜索權重。

資料來源：鯤平科技公司內部資料。

活動點評：該茶葉公司的社交媒體推廣活動其實並不複雜，其促銷的力度也不算大，但整個活動獲得了不錯的傳播效果。其原因有二。一是「物質+精神」激勵，物質激勵指的是「9.9元秒殺」和10元茶商城代金券，精神激勵主要是靠和茶葉相關的軟文、問答來實現；二是多種社交媒體的組合運用，精準傳遞活動信息。從這個活動可以看出，社交媒體時代，活動策劃不一定需要多大的投入，只要運用得當，小投入也可以獲得較好的傳播效果。

3. 交互體驗活動文案寫作

文筆好就一定能寫出好文案嗎？寫出了好文案，直接作為行銷文案來用就

一定會收到好的效果嗎？社交媒體時代，人人都是記者和主編，每個用戶都可能比你聰明，要做出一個優秀的文案還真不容易。在社交媒體上，你絞盡腦汁寫出了一份看起來很漂亮的文案，用各種方式（如標題黨）想要吸引讀者點擊進來，那麼這就算成功了嗎？很多社交媒體文案寫手都有過這樣沮喪的經歷：社交媒體上的轉換其實並不容易。它不僅僅是受同行競爭對手的影響，還因為人們從一個平臺跳轉到另一個平臺上是有成本的。從只是想想而已到想要購買一件物品之間的跨越非常困難。知道用戶要什麼，抓住他們的需求，以建立信任。要想憑藉一份文案來做到這一點的確不容易，但一份好的社交媒體文案的確有助於達成上面的目標。總結起來，一份好的社交媒體交互體驗活動文案通常需要具備以下五大特徵。

（1）保持真實

眾所周知，信任度是構建與維護良好顧客關係的關鍵因素，而真實則是建立信任的關鍵。沒有人喜歡和虛偽的人打交道。社交媒體時代，你的客戶都很聰明，他們喜歡和誠實的人打交道，因此真實是關鍵。要想構建和維繫與客戶之間的良好和密切的關係，那麼就應當打破隔閡，與你的客戶直接溝通。讓你的客戶知道你在做什麼以及為什麼這麼做。

（2）目的明確

在社交媒體上發表文章之前一定要有一個明確的目標，而不是在盲目地發表文章。人們使用微信和微博等社交媒體的動機通常並不複雜，可能是為了休息，也可能是為了與他人聯絡，當然也可能是為了發現一些有用的文章。若你恰好提供了人們需要的東西——投其所好，那麼接下來，你就更容易與他們做更多和更深入的互動交流。所以，記住了，在你開始撰寫一個社交媒體的交互體驗文案時，從一個目標開始。同時需要提醒的是，由於各種社交媒體具備不同的特點，因此當同一個社交活動文案需要發布在不同的社交媒體上時，你需要根據各種社交媒體的特點寫出不同的標題、在不同的時間發布。

（3）關注內容

由於多數社交媒體的信息保留期較短，信息的深度也比較淺，因此，我們創作的社交媒體活動文案的第一要務是首先要容易閱讀。大部分用戶並不會去仔細閱讀你的社交媒體文案，因此要簡單地寫，清晰明了地表達出你的關鍵點。誠然，客觀的、優質的原創社交媒體文章、微博、圖片和視頻等內容是容易受用戶歡迎和追捧的，但這並不意味著所有內容都需要你獨立原創，我們也可以添加分享的內容，畢竟原創尤其是高質量的原創是很困難的。我們可以從互聯網或其他地方收集好的文章和創意，他們值得與用戶分享，並會給用戶帶

去新鮮的感覺。

（4）激發好奇心

要想成功地激發用戶的好奇心，你的社交媒體活動文案需要注意運用兩個方面的技巧。第一個技巧是首先要寫出引人入勝的標題，完美文案的秘訣首先在於標題。從吸引人眼球的標題開始，激發讀者的好奇心，或者令他大聲笑出來。如果你的標題不夠吸引人，你餘下的文案寫得再好都變得不再重要了，因為沒有人會點開它。很多文案寫手總是傾向於寫完文案的主要內容之後再添加標題，其實標題應該得到與後面文本同等甚至更高的重視。第二個技巧是要談到能激發人點擊欲望的描述語。你要好好利用這段話，讓讀者看到這段話，覺得真想看正文來瞭解更多。在創作的過程中，你要把自己當成用戶，要經常問自己一些重要的問題：如果是我，我會點開它嗎？是什麼促使那些用戶繼續讀下去？如果你能夠成功地瞭解什麼能夠使用戶愉悅興奮，然後創作出對於用戶喜愛的內容。只有把你自己當成用戶，才能最大化地使用戶瀏覽你的社交媒體。當然，還有一些小技巧也有助於激發用戶的好奇心，如在標題中設置疑問、引發好奇心、添加與熱點有關的關鍵詞、使用一些專業詞彙來抓住特定受眾等。

（5）持續一致

每個企業都有自己的公司形象和品牌定位。我們在過去花費了大量的行銷資源來塑造和傳播這些形象及定位，如你可能曾經或現在還在投放大量的大眾媒介廣告，做了許多場行銷活動等。雖然社交媒體對於企業的行銷傳播愈來愈重要，他們在社交媒體上投入的行銷資源也越來越多，但它畢竟不是全部。顧客在通過社交媒體瞭解到公司的形象、品牌定位和個性時，他們可能同時也在電視、雜誌或零售終端感受到了這些要素。因此，社交媒體活動要始終遵循企業行銷戰略的指引，向顧客傳遞出與公司其他傳統傳播渠道一致的形象和個性。這些熟悉、持續且一致的交互體驗會使促使顧客更加積極地互動。

4. 如何提升互動效果？

社交媒體平臺的營運者都想把平臺經營成一個非常活躍的平臺。那麼如何提升平臺的互動效果呢？你可以嘗試從行業領袖、競爭者、客戶處獲取社交媒體靈感。在社交媒體上保持活躍的一個最重要的原因是你的顧客已經很活躍了。這意味著你的競爭者也很活躍。這雖不令人愉悅，但意味著你可以將大量已有的信息寫入你的社交媒體行銷方案。那麼何種內容類型、何種信息最能使社交媒體脫穎而出，你需要去問問你的競爭者。總結起來，常見的提升社交媒

體交互體驗活動之互動效果的方式有以下幾種：

（1）門檻要低

瞄準我們的目標客戶群體之後，開展活動的時候門檻自然是越低越好，這樣可以充分調動每一個用戶的積極性。通常有的活躍用戶還會由於低門檻而轉發到自己的朋友圈。門檻低，參加的用戶也就多，那麼你就一直活躍於用戶的視線範圍之內，最後自然也就達到了你的推廣目的。

（2）要有獎品

大多數用戶都是現實的，不講物質、只講情懷的用戶畢竟只占很小的比例。何況在交互體驗活動時送獎品的確可以很好地活躍氣氛，如果這個獎品是本公司的產品，那麼還可以增強用戶對公司的體驗，何樂而不為呢？當然這個獎品的選擇也有講究，別再送什麼 iPhone、××景點雙飛三天兩晚遊等這類毫無新意的東西。當然，做活動送本公司的產品有個前提條件，那就是它要受到用戶的歡迎。如果平時不做活動時通過微信來賣，訂閱用戶詢單次數都不理想，甚至產品本身有問題，那就最好不要送了，先找找產品的原因吧。

還有一個建議是產品互換，合作共贏。你可以選擇跟其他公眾帳號進行合作，等價互換各自的產品，或者互補的產品打包一起做活動，雙方公眾帳號一起推。當然這裡有兩個前提條件，不是順便找兩家公司就可以合作的。首先是這兩家公司合作了之後互相影響不大，同質化的產品則因為有競爭通常不太可能合作，但也不是絕對的，雙方談得來的話，也不妨嘗試合作。此外，這兩家公司的目標客戶群體需要有交集或相同的部分，社交媒體的訂閱用戶數量也需大致在同一個等級。

既然我們是做交互體驗活動，那麼就要讓用戶得到好處，不然用戶憑什麼來支持你？我們既然決定做活動那就不要捨不得錢，交互體驗活動就要讓用戶高興，讓他們得到好處，中獎率高了，用戶的積極性也被你調動起來了，才會去幫你做介紹。何況現在的用戶見多識廣——已經見識了太多各種各樣的活動，若你的交互體驗活動中獎率不高，那麼你憑什麼吸引用戶們的參與和互動？

（3）文案漂亮

我們也許策劃了一個很好的社交媒體交互體驗活動方案，也有了一個好的活動流程，但卻缺乏一個能吸引人的文案，用戶們瞄一眼之後就沒興趣看下去，那麼你的活動即使再有吸引力也沒用。社交媒體活動文案的名字要給予人想像的空間，文案開頭要能夠吸引用戶繼續讀下去的慾望，文案結尾要能夠讓用戶自然地參與活動。

（4）系列持續

我們開展交互體驗活動的目的是為了得到更多的用戶，那麼這個活動就絕對不能只顧眼前，要著眼於之後的活動，最好把它打造成一個系列活動，第一季、第二季、第三季……持續性的交互體驗活動可以讓其他沒有參加某次體驗活動的人繼續關注我們，等待我們開展下次體驗活動，所以在做活動策劃的時候不要只顧眼前，最好是把幾次體驗活動的架構和關係全部列出來之後再來準備活動文案，這樣就可以保持活動的持續性，並不會讓用戶覺得很突兀。

（5）活潑有趣

微信、QQ上許多小遊戲非常受用戶們的歡迎。2014年夏天開始，一款小遊戲在微信朋友圈瘋傳，《圍住神經貓》上線48小時以來，頁面瀏覽量達1,026萬次。這些小遊戲如此流行其原因很簡單，因為它們活潑有趣。愛玩是年輕人的天性。這也提示我們，在做活動策劃時，也要活潑有趣，避免硬生生地推出活動文案，有趣味性才更能讓用戶參與並且把這個活動轉發到一個個朋友圈，從而影響到更多的用戶。

（三）社交媒體交互活動管理

1. 撰寫活動執行細案

一個社交媒體交互活動要想獲得成功，除了一份優秀的文案，還需要一份詳細的活動執行細案。

（1）細案要「細」

活動執行細案是方案能夠成功執行的關鍵，要點在一個「細」字，要考慮到活動執行的方方面面。可以從以下幾個方面進行考慮：活動流程、活動規則和獎項設置。

活動流程：最好做一張活動流程圖和活動頁面的佈局圖，可以用PPT、Word或者Visio（微軟公司推出的一款便於IT和商務專業人員就複雜信息、系統和流程進行可視化處理、分析和交流的圖表繪製軟件）來做。活動流程圖可以清晰地展示用戶如何參加活動。線上活動的流程一定需要做到「簡單」，即「不要讓用戶去想」，複雜的活動流程會使用戶參與的門檻變高，所以盡量讓流程「傻瓜化」。

活動規則：活動規則中應該包含免責部分，如用戶多長時間不提供有效的聯繫方式將視為自動放棄領獎等。一些格式條款，建議將活動規則弱化或者將

活動規則放到活動頁面不顯眼的地方,如「本次活動的最終解釋權歸××公司所有」。

獎項設置:本次活動用戶可以獲得什麼獎項。建議「大獎刺激,小獎不斷」,可以用一個大獎作為誘餌,然後每天或一段時間出現小獎,但一定要有持續性,否則用戶的參與熱情會降低。

(2)編輯活動日程表

編輯活動日程表建議使用甘特圖來做,明確時間節點、責任人和產出成果。你的編輯活動日程表應該涵蓋推微信、推微博、推在線社區的具體日期和時間以及在社交媒體行銷活動中你打算推送的內容。做出活動日程表,提前規劃你的消息推送而不是臨時編輯。你要努力關注消息推送的語言和格式,同時不要忽略客戶服務。

確保你的活動日程表反應出社交媒體行銷的宗旨。如果你的社交媒體帳戶是為了開發潛在用戶,那麼就要確保你經常分享關於銷路拓展的內容。此處需要注意的是,要在不同的社交媒體上合理分配你的資源。例如:

1/3 的內容用來推廣企業、吸引客戶並獲得利益;

1/3 的內容用來呈現和分享行業內思想領袖或是志同道合的企業的創意和故事;

1/3 的內容用來人際互動和建立個人行銷品牌。

2. 活動前:預熱

通常可以通過以下方式來預熱。

(1)提前透露消息

如果你的社交媒體活動將邀請一些重量級的客人或主講人,那麼用社交媒體去傳達這些消息吧。在開始傳達這些消息前,首先要考慮你的重點社交媒體平臺是哪些。如果你的活動屬於公益活動或品牌宣傳活動,可以以微博為主建立一個活動頁面;如果你的活動注重互動參與性,可以重點考慮利用微信;如果你的活動的用戶主體是年輕群體或學生,可以以開心網、人人網、QQ空間等作為主打渠道。接下來,當演講者和嘉賓確認後,你可以在社交媒體上創建一個頁面,展示他們的個人信息、照片以及以往的一些主要專業經驗。如果時間允許的話,你還可以在活動開始前,去採訪一些重要的演講者及嘉賓,然後在社交媒體上分享這些採訪內容。

(2)創建倒計時時鐘

在你的社交媒體官方主頁上創建一個倒計時時鐘,提醒你的用戶們活動的

舉辦時間。創建了一個倒計時時鐘之後，要記住在你的社交媒體平臺上即時更新。更新的內容應圍繞該活動過程中的獨特性和唯一性等元素展開，並且使其有利於傳播分享。

（3）創建獨特的二維碼

為了方便用戶們加入活動，我們往往會專門為某一次活動創建獨特的社交標籤，如二維碼。這個活動的專門二維碼應在多個社交媒體平臺統一使用，並同時在邀請函和海報等線下渠道進一步推廣。

（4）創建網路研討

在社交媒體行銷中一個成功的趨勢就是創建網路研討會。

（5）允許在線註冊

便利性是保障用戶活動參與率的關鍵。如果該事件需要預約，那麼使用在線註冊表單方便用戶登記。

當然，一個好的線上活動策劃方案也需要進行市場推廣。市場推廣分為兩個方面，即站內推廣和站外推廣。站內推廣比較簡單，就是利用自有平臺本身的資源進行推廣，如首頁的廣告位、文字鏈等；站外推廣要量力而行，一般來說其推廣手段包括網路廣告、郵件行銷（如給老客戶發送活動郵件）等。

3. 活動中：記錄

一個成功的社交媒體交互體驗活動往往會產生一些好的行銷內容，這些內容對於記錄活動非常重要。

（1）倡導用戶比賽

在社交媒體交互體驗活動中，提倡參與者人人爭做活動的記者和主編——自己動手拍攝他們最喜歡的視頻、照片或寫一些感悟等，並及時提交這些內容，而後在社交媒體中進行不斷更新。

（2）留下影像資料

在活動時，很多人都喜歡留下自己的影像，看看各大旅遊景點熱衷於照相的人們，在他們心裡，「到此一遊」似乎比欣賞風景更為重要。因此，在活動現場設置一個攝像亭，並配備一位專業的攝影師，供參與者拍照留念是很有必要的。而且，通過這個攝像亭，你又多了一個收集用戶信息、互動和今後保持聯繫的機會。

（3）現場採訪客人

在活動現場採訪客人也是吸引用戶關注該活動的一個好方法。絕大多數人都想上電視接受採訪，但只有少數人才能實現這個願望。現在我們可以在社交

媒體平臺上幫他們實現這個願望，這樣做的好處至少有兩個方面。一是可以增強活動的互動性；二是活動結束之後，把現場採訪的視頻發給被採訪對象，他們一定會積極地在其朋友圈幫你去分享這段視頻，這樣無形當中又擴大了活動信息的傳播。當然，你需要在活動的不同時間點去採訪客人，並且在社交媒體上共享現場採訪。如當客人進場時，採訪他們對活動的期望，或當客人離開時，要求他們談一下對該活動的印象。

（4）設立分享獎勵

當參與活動的用戶在社交媒體上分享了活動信息，那麼最好給予他們一些獎品以表示感謝，同時別忘了可以從用戶的分享內容中獲取一些有價值的信息。

4. 活動後：分享、持續關注

活動結束後，依然還有很多機會去獲得用戶的持續關注度和促進後續銷售。這是大家經常會忽略的行銷機會。

（1）分享詳細信息

活動結束後，企業的手上通常有很多活動的信息資料，多數企業也知道挑選和編輯一些圖片資料來發布，但往往缺乏恰當的說明——關於這些圖片的詳細信息，不是每位用戶都清晰地瞭解這些圖片的含義，尤其是那些沒有參加活動的用戶，這些未加說明的圖片甚至可能會導致閱讀者的困惑，何況你也錯過了一個難得的二次互動溝通機會！那麼什麼是關於這些圖片的「詳細信息」呢？例如，你可以標出誰在圖片中，並創建引人入勝的圖片說明，然後鏈接回到恰當的業務網站。另外，也別忘記在活動後號召參與活動的用戶提交他們拍攝的照片和視頻。

（2）分享亮點資料

在社交媒體平臺上，有意思的「亮點」內容總是容易引起大家的關注和獲得廣泛的傳播。企業組織的每次社交媒體交互活動中總是可以找到一些有意思的「亮點」資料的，如關於嘉賓採訪、客人談論該活動的亮點聲音或視頻內容就是用戶們喜歡的亮點。

（3）整合電子郵件和社交媒體

電子郵件一直是企業最重要的行銷媒介之一，而郵件與社交媒體的多渠道結合，也被實踐證明是促進活動推廣及增加活動曝光度的有效策略。在活動推廣的整個過程中，我們應該創建一套配合活動推廣的完整電子郵件行銷活動。例如：在活動前發送活動預熱郵件及邀請函，提前曝光活動重要議題及亮點；

活動中，如果週期較長且時間允許，可以將活動進展情況即時告知；在活動後，對於那些參加了活動的用戶，發送感謝函，並再次展示產品或服務信息，促進後續銷售以及加強品牌與用戶的互動接觸；對於沒能參加到活動中的用戶，提供一些針對性的銷售報價，並通過郵件展示活動中產品或服務優勢價值的亮點，或提供鏈接，讓未參與用戶回顧活動精彩內容。當然，以上這些郵件都應該有利於社交媒體分享及傳播。

5. 活動效果統計

交互活動接入了手機網頁的，可以在頁面上加第三方統計代碼，如百度統計和 CNZZ。若交互活動沒有接入手機網頁，則可以考慮用國際版公眾平臺查看數據。目前，在微信上還無法統計分享到朋友圈裡面的次數，最大限制是一個鏈接 100 次。利用個人號推朋友圈的時候，選擇的時間段如果是半夜，第二天一般都能排在前列。

（1）評估工具選擇

當前已經出現了一些社交媒體傳播效果評估工具，但尚沒有一個完美的社交媒體傳播效果評估工具，可以考慮同時運用第一方評估工具、第三方評估工具、帳號效果監測和輿情監測工具等評估工具。第一方評估工具指的是媒體平臺自帶的監測評估工具，如微博和微信的管理後臺；第三方評估工具指的是由媒體之外的獨立公司開發的付費工具，如 CIC（Kantar Media，CIC，是國內領先的社會化商業資訊提供商，每月收集並挖掘一億多條消費者自發評論，覆蓋各類中國特有的多樣化的社會化媒體平臺，如博客、論壇、微博和社交類網站等，描繪出詳實、全面的社會化媒體構圖）等。類似的第三方評估工具市場上還有很多，可以根據實際需求選用。

帳號效果監測工具是監測帳號營運情況的，比如粉絲增加量、轉評量趨勢、粉絲人口屬性等，一般第一方評估工具或者用 API（API 接口屬於一種操作系統或程序接口，直接調用商家業務系統的數據或功能，以實現應用程序間數據共享，目前比較熱門的 API 接口提供者有百度 Apistore、多雲數據、Apix 等）對接的第三方評估工具都有這個基本功能；輿情監測工具是基於關鍵詞進行監測的，可以瞭解到針對某一關鍵詞的社交媒體討論的變化趨勢情況，比如做完活動前後品牌的提及量是否有變化、品牌的輿情正面負面比例是否有變化等，這些信息配合帳號營運信息，可以全面地瞭解行銷活動的效果。

在選擇工具時，除了要考慮可行性外（預算是否允許、公司政策是否有要求等），也需要考慮是否有參考數據，比如採用這個工具的同行業品牌很

多，或者本公司之前曾經用過，這樣就會有同行的以及自己的歷史數據作為橫向或縱向對比，從而有助於事前KPI預估和事後KPI考量。

（2）KPI指標統計

在活動前對KPI進行預估。其實，在開展社交媒體行銷活動之前對KPI進行預估是比較困難的，但又必須要做。因為社交媒體行銷活動的KPI是無法100%保證的，因為社交媒體的本質是UGC用戶（User Generated Content，UGC，指用戶原創內容）產生內容，這與傳統的媒介廣告購買是不同的。用戶產生的內容和評論是不能完全控製的、無法準確預知的，而某一媒體平臺上的媒介廣告效果是可以根據歷史數據趨勢、預測模型以及媒體自身的曝光量控製等各種方法來進行調整的，所以媒體廣告效果可以得到媒體的承諾保證，而社交媒體活動效果無法得到用戶的保證。雖然不能得到傳播效果的保證，但是可以根據能夠得到的信息進行預估的，主要可以參考橫向和縱向兩方面的信息。從橫向來看，如果選用了一些較多品牌採用的大工具，那麼可以從工具方拿到一些行業平均數值，至少不低於行業平均值就可以作為預估的底線；從縱向來看，可以和自己之前做過的活動所累積的KPI結果數據進行對比（這也是為什麼建議同一品牌在一段時間內盡量固定採用同一套評估工具和體系的原因；效果評估工具和體系一定要作為重點之一納入年度社交媒體行銷策略之中）。

在活動中實時監測和優化。活動中的實時監測和優化非常重要，否則等到活動結束後才發現問題就已經晚了。這裡的實時監測在實際操作層面一般會落實為類似「日報+周報」的形式。日報較為簡單，主要以數據呈現，包括與前一天和KPI預估目標完成情況的對比，如果出現異常情況則要實時知會與處理；周報包含分析、對下周的建議以及承諾的當周KPI的完成情況；而輿情監測則需要包含實時預警功能，如果品牌聲量和網民態度出現異常變化，需要第一時間應對。

在活動後對KPI進行分析和總結。活動後的結案報告是每個社交媒體行銷活動人員的必修課，同時也是一個機會，可以全面地瞭解活動的執行情況，從而為未來的活動提供參考。

第六章　內容為王

（一）軟文廣告行銷

軟文推廣對公司推廣、產品推廣乃至品牌形象的建立都有很大的作用，因此，軟文推廣的巨大威力已為人們所認可，特別是在浩瀚的網路大海之中，軟文推廣正在逐步發展成為主要的、無可比擬的推廣法寶。

1. 軟文廣告理解

軟文，顧名思義，它是相對於硬性廣告而言的，是由企業的市場策劃人員或廣告公司的文案人員來負責撰寫的「文字廣告」。

軟文的定義主要有兩種：一種是狹義的，另一種是廣義的。

狹義軟文是指企業花錢在報紙或雜誌等宣傳載體上刊登的純文字性的廣告。這種定義是早期的一種定義，也就是所謂的付費文字廣告。

廣義軟文是指企業通過策劃在報紙、雜誌或網路等宣傳載體上刊登的可以提升企業品牌形象和知名度，或可以促進企業銷售的一些宣傳性、闡釋性文章，包括特定的新聞報導、深度文章、付費短文廣告、案例分析等。

在廣告學理論上，硬、軟廣告並沒有明確的範圍劃分，「軟」和「硬」其實是廣告界的行話。硬廣告是在大眾媒體上能清晰確認的，具有廣告各要素的純廣告；而軟廣告是在大眾媒體上刊登的不能明確辨認的，具有新聞要素的有償性稿件，大多附有企業的名稱和服務電話等。與硬廣告相比，軟文之所以叫作軟文，精妙之處就在於一個「軟」字，好似綿裡藏針，收而不露，克敵於無形，追求的是一種春風化雨、潤物無聲的傳播效果。等到你發現這是一篇軟文的時候，你已經在不知不覺中掉入了被精心設計過的「軟文廣告」陷阱中。

二者的優缺點比較如表 6-1 所示。

表 6-1　　　　　　　　　　軟廣告和硬廣告的優缺點比較

	優點	缺點
硬廣告	傳播速度快，覆蓋面廣，表現形式豐富多樣，可經常重複加深消費者印象。	滲透力弱，商業味道濃，影響力較差，投放成本高，強迫說教。
軟廣告	滲透力強，商業味道不明顯，投放成本較低，效果比較持續。	傳播速度慢，給讀者第一印象不深，衝擊力不強。

2. 軟文廣告的特點

企業進行產品或者品牌宣傳時，常用的形式主要有硬廣告、軟廣告和新聞報導三種。三種形式有各自的特點，具體見表 6-2。

表 6-2　　　　　　　　　　三種廣告形式的特點

形式	發布特點	內容特點	對消費者影響	企業操作特點
硬廣告	企業與廣告部聯繫，以廣告形式發布。	直接說明產品內容，信息量一般較小。	直觀明了地瞭解信息，但未必完全信任，也難以一次性具有好感。	在發布信息、有重大活動的信息告知中廣泛使用。
新聞報導	企業與記者部聯繫，以報導形式發布，內容須經過審定。	內容往往代表媒體立場，更加客觀公正。	讀者最信任，也更願意閱讀。	企業只有在事件具有新聞價值的情況下才能採用，且企業不能完全掌握新聞內容。
軟廣告	廣告的一種，與廣告部聯繫。	更加間接闡明產品或服務，信息量相對較多。	不經意的瞭解信息，有時把軟文當作科普知識或新聞看，信任感更強。	在進行長期的產品宣教中使用，具有潛移默化的效果，能給消費者帶來長期的好感。

公共關係也是企業行銷中常用的策略。與硬廣告相比，公關軟文著眼於「悄無聲息」的方式來影響消費者，二者更容易混淆。認真對比軟文和公關領域幾個概念，可以發現兩個層層演變的過程。首先，在發布內容的公正客觀性和新聞價值方面，以新聞稿、公關新聞稿為基礎的新聞報導高於新聞通稿，新聞通稿則高於公關軟文和公關稿，而公關廣告則已進入了廣告領域的討論，這是一個公正客觀性和新聞價值遞減的過程。而在經濟利益關係上，以公關新聞稿為基礎的新聞報導是免費的，新聞通稿已帶有付費交易的可能性。這種付費可能是直接的，也可能是擴大廣告投放的間接方式，一旦涉及經濟交易，新聞

通稿就成為公關軟文。公關軟文和公關新聞稿是向媒體購買新聞報導版面而非廣告版面的行為，而公關廣告則是正當合理的付費運作。這是一個從無償性到有償性的遞進過程，如表6-3所示。

表6-3　公關新聞稿、新聞通稿、公關軟文、公關廣告的比較

概念	是否為最終發布內容	內容控製權	是否有償	客觀公正性	新聞價值
公關新聞稿	否（半成品）	媒體（企業事先把關篩選）	否	較高	較高
新聞通稿	是	企業（媒體有可能控製）	可能是，也可能否	較低	較低
公關軟文	是	企業	是	傾向主觀	可能很低，或根本沒有
公關廣告	是	企業	是	主觀	無

由以上分析可知，軟文是基於特定產品的概念訴求與問題分析，對消費者進行針對性心理引導的一種文字模式。從本質上來說，它是企業軟性滲透的商業策略在廣告形式上的實現，通常借助文字表達與輿論傳播使消費者認同某種概念、觀點和分析思路，從而達到企業品牌宣傳、產品銷售的目的。軟文行銷則是個人和群體通過撰寫軟文，達成交換或交易目的的行銷方式。由此，我們可以歸納出軟文廣告具有以下特點：

（1）隱蔽性強

硬廣告由於形式上過於突出和明顯，多屬於叫賣式傳播，因此很容易被讀者忽略。而軟文廣告多屬於滲透性傳播，廣告意圖不明顯，但是所能達到的傳播效果不亞於硬廣告，甚至有時更強於硬廣告，具有極強的隱蔽性。

（2）信息到達率高

軟文廣告抓住了讀者買報紙、讀報紙的首要目的，即獲取更多的信息。因此，軟文廣告的信息到達率較高。且軟文廣告手法細膩、委婉，對受眾來說有較高的親和力，易於被讀者接受。

（3）信息量大

軟文廣告基本以文字構成為主，輔以少量的圖片說明。因此，相對於硬廣告而言，軟文廣告傳達的信息量較大，能將一個話題展開來說詳盡、說清楚。

（4）傳播靈活

針對某一特定媒體，硬廣告的形式有限，靈活性差而軟文廣告的形式多樣。例如：針對平面媒體，硬廣告只能從創意的角度去追求變化，包括表達、色彩、規格等方面變化；軟文廣告則可以有多種形式，諸如新聞報導、人物專訪、專欄文章等，靈活多樣。

（5）價格低廉

硬廣告的投放費用較高，在平面媒體上少則幾萬元，高則達二三十萬元，而且效果難測，風險性很大；而軟文廣告相對來說則較為便宜，一般媒體的軟文廣告的價格大約是同尺寸硬廣告的一半。性價比可以說比較高。

3. 軟文廣告策劃思路

一篇軟文的效果是否良好，與軟文的內容是否豐富多彩、引人入勝息息相關。軟文廣告策劃思路千變萬化，但是萬變不離其宗。主要有以下幾種方式：

（1）懸念吸引

中國傳統相聲中有個絕活，叫抖包袱，就是把最關鍵詞的一個點先說出來，然後層層鋪墊，慢慢解開，越解開，越有料，越吸引人。這點同樣適用於軟文創造過程，我們把這種軟文內容的設計方式稱為「懸念式」，也可以叫設問式。這種方式的核心是先提出一個問題，然後圍繞這個問題自問自答。如「人類可以長生不老？」「什麼使她重獲新生？」「牛皮癬，真的可以治愈嗎？」等。但是必須掌握火候，首先提出的問題要有吸引力，答案要符合常識，不能作繭自縛、漏洞百出。

腦白金早期的宣傳軟文中，就採用了懸念式創作思路。《美國睡得香，中國咋辦？》，在軟文一開頭，作者並沒有直接解釋美國睡得香，而是欲揚先抑，先說「1995年開始，美國人瘋了！1996年開始，日本人瘋了！臺灣人瘋了！」。他們瘋了的原因是因為搶購一種叫腦白金的產品，進而解釋腦白金可以有助於睡眠，同時表達了美國人睡眠有保障了。中國這麼多失眠患者怎麼辦的擔憂，引起了有失眠症狀的讀者對產品的強烈關注。

（2）故事滲透

通過講一個完整的故事帶出產品，使產品的「光環效應」和「神秘性」給消費者心理造成超強暗示，使銷售成為必然。如「1.2億元買不走的秘方」「神奇的植物胰島素」「印第安人的秘密」等。講故事不是目的，故事背後的產品線索才是文章的關鍵。聽故事是人類最古老的知識接受方式，所以故事的知識性、趣味性、合理性是軟文成功的關鍵。

小案例：錘子手機最佳軟文誕生

2016 年錘子科技開展了「錘子杯」首屆中文互聯網軟文大賽，要求參賽者在精彩絕倫的文章中悄然無聲地植入堅果手機降價 200 元的廣告，文章字數、體裁和題材無限制，小說、詩歌、散文、評論均可。

比賽很快結束，以偵探故事形式呈現的「呆子不開口」作品獲得了第一名。

吳震怎麼也想不到，自己小心翼翼這麼多年，竟然在今天落網了。

他們是網上詐騙犯，通過盜取個人資料、帳號、密碼和釣魚等手段，欺騙受害者給他們匯款。吳震雇用一幫客服人員在福建詐騙，另外一個成員劉巍在蘭州找一些小鎮負責轉移贓款。

他倆非常謹慎，平時從不電話短信往來，更不會在網上聊天。他們連每一張銀行卡的密碼都是不一樣的，他們知道警方有能力監控他們的所有聯繫渠道。

劉巍每收到一張銀行卡，就會去把錢取出來。這些卡都是吳震在網上買的黑卡，戶主都是不相干的人。警方通過監控也無法找出劉巍，他每次都戴著帽子。

可是這一次，劉巍輸入的密碼卻怎麼也不對，這是他以前從沒遇到過的，密碼輸入錯誤三次以後，帳號被鎖定了，24 小時後才能解鎖。劉巍怒了，踹了一腳提款機，出門時還一拳砸了一棵小樹。

回家後劉巍又拿出信封，詳細核對了密碼，確認沒有錯，他打算第二天晚上再去試試。第二天夜裡，他輸入了密碼，還是錯誤。「吳震，你個××」，劉巍吼了出來。可是他剛剛吼完，就被早就在此等候的警察按倒在地。

沒幾天，吳震也被捕了。通過審訊，警方慢慢瞭解了他們的作案細節，但警察也好奇，為什麼這次出了意外。分析結果出來後，警察哈哈大笑「法網恢恢，你們太大意了」。原來吳震每次給劉巍寄卡時都會附上小紙條寫上密碼信息，當然不是寫真密碼而是兩個網址。每個網址都是京東網上一個商品，價格都是三位數的，兩個商品的價格連起來就是取款密碼。

可憐的吳震和劉巍，到死都不會明白他們的密碼為什麼是錯的，因為在這段時間，第二個網址的商品——堅果手機的價格降價了，從原來的 899 元直降為 699 元。

資料來源：根據互聯網整理。

（3）科學普及

科學普及都是通過故事的形式來宣傳企業和產品的，不同之處在於科普式看上去很巧妙地利用故事做科普知識宣傳，而不是在推銷產品。

微博上有一篇熱門的長微博文——《千萬不要用貓設置手機解鎖密碼》，就是華為手機的一則軟文廣告。文章講述主人公用貓設置手機解鎖密碼後遇到的一系列囧事，十分有趣，具有可讀性，同時介紹了該手機的「刷指紋解鎖、保密性高、手機不充電兩天還有電」等功能。通過微博轉發、評論、點讚達26萬人次，借助社交平臺，傳播效果極好。

（4）情感共鳴

「你好懂我，我會優先選你」，品牌引發消費者情感共鳴時，就能產生無窮的魔力。在產品同質化嚴重的行業，共鳴更是突圍利器。軟文的情感表達由於信息傳達量大、針對性強，更容易讓人心靈相通。如「女人，你的名字是天使」「寫給那些戰『痘』的青春」等。情感最大的特色就是容易打動人，容易走進消費者的內心，所以「情感行銷」一直是行銷百試不爽的靈丹妙藥。

德芙的《青春不終場，我們的故事未完待續》就是典型的例子。該廣告以生動優美、略帶煽情文藝的文字，講述作者與一位男生從初中到大學相識、相伴、相惜的情感故事，具有感染力和可讀性，甚至引發很多人的共鳴，德芙的植入更顯得渾然天成。

（5）搶購促銷

促銷式軟文常常跟進在上述幾種軟文見效時——「北京人搶購×××」「×××，在香港賣瘋了」「一天斷貨三次，西單某廠家告急」「中麒推廣免費製作網站了」等。這樣的軟文或者是直接配合促銷使用，或者就是使用「買托」造成產品的供不應求，通過「攀比心理」「影響力效應」多種因素來促使你產生購買慾。例如，國酒茅臺就曾成功實施過網路軟文行銷。2003年以來，茅臺酒廠的名譽董事長季克良連續親自撰寫並發表了《茅臺酒與健康》《告訴你一個真實的陳年茅臺酒》《世界上頂級的蒸餾酒》《國酒茅臺，民族之魂》等一系列文章。這些文章一經發表就被各大網路媒體爭相轉載，通過簡單的幾篇軟文就釋放出了巨大的引爆力，最終成功地達成了依靠大眾媒體軟文引導口碑傳播之目的。

（6）新聞報導

新聞式軟文就是為宣傳尋找一個由頭，以新聞事件的手法去撰寫軟文，讀者在讀完後感覺就像看了一篇新聞，但是對其中宣傳的產品卻有了深入瞭解。這種軟文傳達信息的方式隱蔽性強，既讓讀者感興趣，又巧妙地將所要傳達的信息傳遞給了讀者。但是，具體創造時要緊密結合企業的自身條件，多與策劃

溝通，不要天馬行空地寫，否則，容易造成負面影響。

在 VERTU 手機的新聞軟文中，作者以「商人在機場弄丟 68 萬元天價手機」為標題，從軟文的標題中我們就可以看出這是一篇很有新聞性的軟文，「68 萬元天價手機」，充滿了新聞點，誘導著人們想去瞭解什麼手機要 68 萬元，怎麼弄丟的，是否找回，等等。而在正文中，作者以導語、背景、正文、結尾等新聞體的方式將什麼品牌的手機丟了、怎麼丟的、丟了後失主做了什麼、如何找回等信息做了詳細介紹，最後詳細地描述了該手機的特徵，為何如何高價，引發受眾對 VERTU 手機的關注與感慨。

新聞式軟文在創作時如果結合引人入勝的故事情節，那麼效果會更好。

小案例：武夷山牛欄坑肉桂軟文

有一對夫婦，家裡條件還不錯，老公喜歡喝茶，親朋好友給他送了很多茶。一天，女主人想給忙碌一天的老公做一頓茶葉蛋，結果發現大多數茶葉的包裝都很精致，他就沒敢用這些茶葉，最後發現角落裡有一個用牛皮紙包裝的茶葉，於是他就用這裡面的茶葉給老公做了一鍋茶葉蛋。老公回來剛一進屋子，就發現滿屋的茶香飄逸，問老婆做的這是什麼啊，這麼香。老婆說是為了犒勞他專門給他做的茶葉蛋。當老公看見茶葉蛋的時候立馬就臉色煞白，大喊，你怎麼把我的「牛肉」當做泡茶葉蛋的輔料。老婆說沒有用牛肉啊，我用的是茶葉。老公是滿面的愁容，說「牛肉」就是茶葉的名字，是托朋友買回來的，而且來之不易，你怎麼這麼不小心啊。老婆也不高興了，我忙了一天給你做的茶葉蛋，你回來卻數落我，如果你喜歡，你可以把茶葉撈出來，再泡啊；這時老公緩緩地道出：「牛肉」就是老茶客常說的武夷山牛欄坑肉桂，這種茶起始價就是 4,000 元/千克，而且不是有錢就能買到的。這時老婆才恍然大悟，原來自己這一頓茶葉蛋花了有近萬元啊，真是心疼啊。

（7）恐嚇誘導

實用性、能受益、占便宜這三種屬於誘惑式，這三種軟文的寫作手法是為了能夠吸引讀者。讓訪問者覺得對自己有好處，所以主動地點擊這篇軟文或者直接尋找相關的內容。因為它能給訪問者解答一些問題或者告訴訪問者一些對他有幫助的東西。當然這裡面也包括一些打折的信息等，這就是抓住了消費者愛占便宜的一個心理。

在《徵途》剛剛上線的時候，史玉柱所屬的公關團隊，以非常專業的軟文在各大媒體上搶占了醒目的位置，憑藉其「終身免費」以及「發工資」這兩個噱頭，「以網路遊戲革命」的主題進行了瘋狂的宣傳及炒作。儘管《徵

途》所提倡的發工資只是在遊戲中給廣大玩家發送虛擬貨幣，所謂的「免費遊戲」也是靠賣道具收取更多的費用。但我們必須承認的是，「發工資的概念」絕對是被史玉柱利用到了極致的境界。他不但在理論上大張旗鼓地去宣揚《徵途》「革命性的模式」，也讓廣大玩家知道了玩遊戲的「好處」。雖然這個好處也許只是一個隱藏起來的甜蜜陷阱，但是在互聯網及媒體上的軟文行銷，史玉柱確實給業界其他人士做了個非常好的榜樣。

情感訴說美好，恐嚇直擊軟肋，有時候恐嚇形成的效果比讚美和愛更具備記憶力——「高血脂，癱瘓的前兆！」「天啊，骨質增生害死人！」「洗血洗出一桶油」。恐嚇式軟文屬於反情感式訴求，有時候能取得驚人的效果，但是也往往會遭人詬病，所以一定要把握好火候。

(8) 評論推薦

把軟文廣告包裝成新聞、評論、專家觀點以吸引讀者。相對於傳播商業信息的廣告，大多數讀者更相信新聞與評論，這種軟文廣告的閱讀率和可信度會高很多。

小案例：198 名健康專家一致推薦，無菌綠色健康床墊

在首屆中國健康睡眠研討會上，來自全國各地的 198 名專家濟濟一堂，發表了對健康睡眠的高見。他們對中國老百姓的睡眠質量和健康狀況不無擔心。中國社會現在處於轉型時期，國際社會的競爭壓力，國內龐大的人口群和競爭壓力，讓中國老百姓感覺非常疲憊，尤其是三四十歲的人，上面要供養幾個老人，下面有孩子上學，經濟壓力非常大。一天到晚辛苦工作，一年到頭忙於奔波，要是連覺都睡不好的話，人的身體怎麼受得了啊。

其實睡眠問題已經成為一個世界性的問題。在歐洲和美洲大部分國家的普通公眾當中，睡眠不佳或失眠的占 30%～56%。而中國比世界上平均水平偏高，有睡眠問題、失眠症狀的達到 40%～60%。專家們指出，鑒於緊張的工作、沉重的壓力、緊迫的時間，優質的睡眠是非常重要的。專家們提出無菌綠色健康睡眠的概念。影響無菌綠色健康睡眠的因素很多，但是其中最為關鍵的應該是擁有一張舒適的床墊。

有的床墊對居室環境及人體有污染和慢性侵害的副作用，主要是因為床墊墊層的填充物及所用的面料引起的。床墊的墊層裡大多包含棕氈。棕氈在製作過程中要使用膠粘劑，會釋放游離甲醛。人睡眠時甲醛的濃度會超標，則通過呼吸道對人體構成一定的危害。床墊除以環保性保障人的健康外，其內膽結構及彈簧分佈是否科學、合理也對人體健康有著不可忽視的影響。內膽品質如

何，主要看兩點：一是適宜多種睡眠姿勢，使人體脊柱能始終處於自然放鬆狀態；二是壓強要均等，床墊隨人體移動凹凸起伏貼合自然。

專家們說，在無菌綠色健康睡眠上，兄弟床墊非常值得選擇。

兄弟床墊是目前床墊中的最佳環保產品。硬質棉具有非常好的透氣性、回彈性、防潮性、舒適性、防蛀、防霉、長年耐用；其環保及透氣、防潮性能均優於其他填充物（如海綿等）。床墊外罩採用了100%純棉布料及高檔進口舒適的羊剪絨，花色品種多樣，並可拆洗、替換。它具有超靜音的功能，純天然乳膠床墊能吸收因睡眠翻動所造成的噪音及震動，使睡眠中不受干擾，不會影響睡伴，並能有效減少翻身次數，讓您睡得更安穩香甜。獨立、舒適、每一寸乳膠床墊都是按人體結構設計：根據人體工程學原理，針對頭、肩、背、腰、臀、腿、腳七個部位不同著力的要求，提供精準的對應支撐，保證身體重量被合理分散，令舒適感彌漫全身。

(9) 整合運用

各種技巧整合運用，甚至再結合硬廣告，效果會達到最佳狀態。

小案例：腦白金軟文廣告

腦白金可以說是中國廣告史上最佳軟文推廣。腦白金產生於中國20世紀90年代末期，正是保健品衰微的時候。腦白金能殺出市場，在行銷方面有很多亮點，特別是軟文廣告的運用技巧爐火純青，效果非常驚人。

剛開始的時候，我們在報紙上看不到一點點宣傳腦白金產品的廣告，鋪天蓋地的宣傳，都是針對「腦白金體」。

《人類可以「長生不老」？》：講美國《新聞周刊》刊載腦白金體一事，報導腦白金的神奇。

《兩顆生物原子彈》：將當時世界級的話題多利羊（克隆）技術和腦白金並列起來，提高腦白金的學術地位。

《不睡覺，人只能活五天》：相對不吃飯活20天，不喝水活7天，強調睡眠的重要性。

《一天不大便有問題嗎？》：講大便的重要性，為腦白金通便功能鋪路。

《宇航員服用腦白金》：旁證腦白金的有效性，改善宇航員睡眠。

以上一系列軟文，換著名字在不同的報紙、雜誌的科技版上發，但是絕不打硬廣告，市場上也買不到腦白金。

一系列軟文轟炸之後，問題來了，腦白金根本就買不到！甚至也沒人想過可以買到這麼高科技產品。這時候史玉柱開始了鋪天蓋地的宣傳：「今年過節

不收禮，收禮只收腦白金」「腦白金，年輕態，健康品」。

這個廣告一下引起了兩個反響：一是中國有賣腦白金的了；二是這個連播三遍的廣告真傻。隨後社會上開始討論這種傻廣告的存在是不是應該。但是在一個旁觀者的眼睛裡，事情就變成這樣的了：

◆1998年開始，科技界改變世界級別的兩大新發現：一個能克隆一個一模一樣的生物，一個能延緩人類衰老。

◆這東西很寶貴，買不到。

◆腦白金在中國終於有銷售了，送禮佳品啊，還是送健康。

實際上，這一切都是史玉柱一手策劃出來的。整套方案的核心是軟文，但是軟、硬銜接得非常好，而且執行相當到位。腦白金暖市行為獲得了巨大成功，一上市就遭到哄搶。

4. 軟文廣告創作技巧

軟文行銷要取得良好效果，良好的創作技巧必不可少。

(1) 標題要傳神

標題黨，曾在網路中紅極一時，曾為很多網站贏得了流量、帶來了收入，但是後來覆滅了，因為隨著搜索的不斷完善，用戶體驗逐漸被人們所重視，而標題黨正是背離了用戶體驗，有個好的開始（標題），卻沒有一個好的結尾（內容），讓人有一種上當受騙的感覺。這說明傳神的標題是很吸引人的，也可以取得初期的成功。對於標題黨，我們應該取其精華，去其糟粕！軟文創作時要仔細推敲、斟酌三思，把軟文題目寫得活潑、可愛、懸疑、誇張、不可思議。總之一句話，要吸引人，讓人看了忘不了，讓人看了有猜想、有疑問、有看下去的念頭。如果標題能達到這樣的效果，那就為軟文的成功奠定了一個良好的基礎，加上一篇好的內容，就能更好地吸引人。軟文標題要傳神，以下幾點要注意：

◆簡短明了

對於軟文標題的設計，若使用長句作為標題，難免會讓人有一種軟文標題冗餘的感覺，而對於過度冗餘的軟文標題，更是會讓讀者反感，而產生不了閱讀軟文內容的興趣。因此，軟文標題設計應盡量簡短、通俗，若用戶對軟文標題都雲裡霧裡，那麼產生興趣的可能性就會很低。

◆畫龍點睛

我們在設計軟文標題之時可嘗試插入具有吸引力的詞，如免費、驚曝、秘訣等。當然具有吸引力的詞彙有很多，這就需要我們在軟文寫作中不斷進行累

積,並對其進行分析什麼樣的詞對什麼樣的文章更具吸引力。

◆多用問號

軟文標題設計中我們可以多用疑問句和反問句從而引起讀者的好奇心。如前面腦白金廣告《人類可以「長生不老」?》《一天不大便有問題嗎?》就起到了非常神奇的作用。

◆融入關鍵詞

軟文是寫給用戶看的,因此在軟文標題設計時我們盡力融入關鍵詞。無論是對用戶還是對搜索引擎,只有融入關鍵詞,搜索引擎才能更好地判斷其文章的主題與相關性,用戶才能通過標題更精確地找到自己所需要的內容,也才更容易在社交媒體上轉發。

◆與內容相關

在著手軟文寫作之前,我們需明白軟文的主題內容,並以此命題,從而讓軟文標題與文章內容能夠緊密相連。無論撰寫軟文的主題內容是什麼,也不管其目的是吸引用戶去閱讀、評論,抑或讓更多的人轉載,從而帶來軟文外鏈。但若軟文標題與軟文主題內容不相關,軟文的目的就很難實現。

(2)內容生活化

軟文寫作中尋求日常的生活素材,因為軟文多是給普通大眾看的。利用吸引力強大的日常生活小故事,生活怪事,倫理失常的事件吸引人們去看、去罵、去愛、去評論。這些故事可以是真實的,也可以是根據人們的喜好合理杜撰的,只要把觀眾的情感調動起來了,軟文就成功了一半。

(3)形式新聞化

新聞追求真實,而廣告包含很多誇張的成分,以新聞的形式表現廣告,往往能夠取得事半功倍的效果。例如,如果你要為一個海邊的樓盤做軟文,那麼你最好的選擇就是把標題寫成《世界十大灣區評選》,不要不好意思,把你的那個破沙灘跟比弗利山莊、長島統統貼到一起吧。然後再加個權威機構來頒獎,就可以了。這是炒地皮的最初級手段。

(4)定位精確化

針對產品的目標消費者,軟文應努力找到目標對象精確的切入點,做到針對性行銷和精準行銷。在此基礎上有針對性地尋找該類目標對象感興趣的熱門話題,有的放矢,把自己要推廣的信息巧妙地與世人最為關注的時事問題聯繫在一起。好風憑藉力,送我上青雲,自然會獲得一日千里的神奇效果。抓住樂天事件、特朗普話題、雄安新區等最新時事熱點,軟文就成功了一半。

（5）用詞流行化

每個階段都有諸多流行詞語，軟文創作不是科學文章，不需要運用太正規或嚴肅的詞語，多使用流行詞語，特別是網路流行詞語，如「給力」「有木有」「浮雲」「鴨梨」等，更能夠捕捉到用戶的心理，引起用戶的關注。

（6）注重軟、硬適中

日常閱讀中人們都很痛恨「廣告」這兩個字，無論你做得多麼好，只要讓人們發現是廣告，效果立馬大打折扣；但是軟文廣告也不能太軟，如果軟得沒有了宣傳的跡象，讀者真的拿他當做一篇優美的範文去欣賞，那你的功夫也就白費了。這要求我們寫出的軟文軟、硬適中，既不能讓讀者一眼就看穿是廣告，又要讓讀者能夠記下你要宣傳推廣的信息，起到推廣作用。具體操作要注意兩點：首先是把推廣的內容放在後面，讓讀者發現是廣告時，已經把內容看完了，記下了你的推廣信息，加之前面的內容確實有用，也不會產生反感情緒；其次是廣告信息的嵌入，要巧妙化、自然化，能夠和內容完全地融入，達到完美的結合，最忌生拉硬扯，胡亂聯繫，讓讀者反感。

5. 軟文廣告宣傳策略

軟文廣告要想獲得最理想的效果，除了在創作方面精雕細琢外，具體運用方面也要善於借勢，充分利用以下幾種策略。

（1）善於炒作，小事變大

抓住時事要聞，把軟文廣告巧妙置身其中。然而現實中恰好符合要求的大事情並不會時時發生，即便發生了，眾多的專業公關公司和企業都在搶著利用，效果也容易淡化。很多事情在普通人眼裡是小事，但是對於軟文炒作而言，小事可以變成大事。只要把事情搞大了，並且最終能自圓其說，那就能達到最佳效果。

（2）充分利用自媒體

當今時代已然被稱為自媒體時代，信息傳播早已不局限於廣播、電視、報紙、雜誌等所謂傳統的四大媒體了。信息時代人人都是自媒體，人人都是信息源，人人都可以產生有影響力的信息資源。在運用傳統媒體的同時，充分利用社交媒體，以病毒式行銷，能夠讓精心策劃的軟文產生「裂變」一樣的神奇效果。

（3）運用非行業網站

幾乎所有的行業，都有在本行業內有影響力的行業網站，特別是工業行業，一個行業往往有數家有一定影響力的行業網站。這些網站大多有官方背

景，發布的信息具有權威性。公司網站編輯或者細分行業網站的編輯，對於這些網站情有獨鐘。在這些網站發布軟文，會被同類網站或者影響力較低的網站所轉載，同時還會被同行業的公司所轉載，尤其是涉及行業發展、規劃、目標、趨勢、數據等文章，同行的企業網站會更加熱衷於轉載。企業在行業網站發布軟文，是一個不錯的選擇。當然這樣的軟文需要具備一定的行業視野。

（4）商業網站與非盈利網站相結合

非盈利網站包括政府網站、事業單位網站、公益組織網站、協會網站，這些網站都多開設有與本機構職能弱相關性的資訊欄目。例如，教育網站可能開設有學生興趣欄目，一些商業教育機構的軟文，就能夠被引用。再如政務網站開設的智慧政府欄目，一些介紹監控、安全、政務設備等產品的文章，就有被採用的可能。在這些網站發布的文章，直接獲得的點擊率可能不高，但是被其商業網站轉載的次數非常多，同時搜索引擎對這些文章收錄的意願非常強。

（5）軟文不要和硬廣告聯發

軟文千萬不要發在行業版面上，新聞版、社會版、科技版都是不錯的選擇。各大報紙都有地產版、汽車版，如果一個汽車廣告公司，將相關的軟文直接發在報紙的汽車版上，這篇軟文的失敗基本是註定的。記住：你只有抱著做新聞的心寫軟文，寫出來的東西才夠看，否則就是硬文，甚至是硬廣告。

很多人廣告人說一句話：我知道我的行銷費用一半是白花的，但是不知道是哪一半。

告訴你吧，打開報紙，封二是你的軟文，封三是你的硬廣告，軟文這一半的錢，就白花了。

（二）視頻行銷內容創造

1. 視頻行銷概述

軟文行銷經濟適用，效果良好，但是軟文只有文字，缺乏視聽結合的動感效果。當前中國的行銷市場，視聽結合運用最多的是電視。但是，電視作為視頻媒體卻有兩大局限性：一是信息接受的單向性。受眾只能是單向接受電視信息，很難深度參與。二是信息娛樂性較小。電視信息相對來說都有一定的嚴肅性和品位，受眾很難按照自己的偏好來創造內容，因此電視的廣告價值大，但是互動行銷價值相對較小。網路視頻卻可以突破這些局限，從而帶來互動行銷的新平臺。隨著互聯網的發展和視頻網站的興起，網路特別是手機媒體成為很

多人生活中不可或缺的一部分，視頻行銷又上升到一個新的高度，各種手段和手法層出不窮。比爾・蓋茨在世界經濟論壇上預言，五年內互聯網將「顛覆」電視的地位，成為眾多企業視頻行銷的首選媒體。這句話在一定程度上表明了互聯網視頻的勢頭。它指的是企業將各種視頻短片以各種形式放到互聯網上，達到一定宣傳目的的行銷手段。網路視頻廣告的形式類似於電視視頻短片，平臺卻在互聯網上。

所謂視頻行銷，就是用視頻來進行行銷活動。廣泛意義上的視頻包括電視廣告、網路視頻、宣傳片、微電影等各種方式。視頻行銷歸根到底是行銷活動，因此成功的視頻行銷不僅僅要有高水準的視頻製作，更要發掘行銷內容的亮點。

網路視頻行銷作為「視頻」與「互聯網」的結合，同時具備了兩者的優點：電視短片的感染力強、形式內容多樣、肆意創意等以及網路互動性強、主動傳播、傳播速度快、成本低廉等優勢。正是由於優點眾多，網路視頻行銷方興未艾，直接將電視廣告與互聯網行銷兩者「寵愛」集於一身。

2. 視頻行銷策略

行銷效果如何，策略至關重要。網路視頻行銷策略主要有貼片廣告策略、視頻互動策略、網民自創策略、病毒行銷策略、事件行銷策略、整合傳播策略等。

（1）貼片廣告策略

貼片廣告指的是在視頻片頭、片尾或插片播放的廣告以及背景廣告等。作為最早的網路視頻行銷方式，貼片廣告基本上算是電視廣告的延伸，其背後的營運邏輯依然是媒介的二次售賣原理。

這種策略簡單易行，但是缺點也明顯：現在網友自主性更強，鼠標輕點就能快進快退，嚴重缺乏參與性和互動性，基本上屬於直接翻版電視行銷模式，顯然不能符合用戶體驗至上的 Web 2.0 精神，逐步淪為雞肋，被網友輕鬆跳過。

國內外的一些先驅視頻網站就在此方面進行了一些有益的摸索。美國視頻網站 Videoegg 在視頻末尾提供了一個名為「指示器」（Ticker）的可點擊的透明廣告選擇模塊。當用戶點擊它時，正在觀看的視頻會暫停，而一個新的屏幕會打開，用戶可觀看相應的廣告片。如果用戶不點擊這個廣告，視頻就會為你顯示下一個視頻的預覽片段。這種技術可以提升 5%~8% 的點擊率，千人成本僅僅為 10 美元，而傳統貼片廣告的千人成本高達 20~50 美元。搜狐視頻等網

站都在用類似的技術或者方法。

近年來，微軟憑藉其視頻技術的雄厚累積，研發了一種視頻廣告的新模式：對視頻內容中出現的物體進行標註和索引，一旦用戶在觀看視頻時，對畫面中某個物體感興趣，則可以通過點擊該物體來激發相應的視頻廣告。

（2）視頻互動策略

這種策略在圖片廣告的基礎上增加了更多的互動功能，類似於早期的FLASH動畫遊戲。借助技術，企業可以讓視頻短片裡的主角與網友真正互動起來。用鼠標或者鍵盤就能控製視頻內容。這種好玩有趣的方式，往往能讓一個簡單的創意取得巨大的傳播效果。隨著手機、無線網路的加入，這種互動模式獲得了巨大的發展。

小案例：「聽話的小雞」：小動畫大歡迎

漢堡王（Burger King）在美國是僅次於麥當勞的快餐連鎖店。2005年4月7日，他們推出了首創的視頻互動線上游戲——「聽話的小雞」，來推廣新的雞塊快餐。

「聽話的小雞」這個互動廣告極為簡單：一個視頻窗口站立著一個人形小雞，下面有一個輸入欄，供參與者輸入英文單詞。當你輸入一個單詞時，視頻窗口裡的小雞，會按照你輸入的單詞的意思做出相對應的動作，比如你輸入「JUMP」，小雞會馬上揮動翅膀，原地跳起，然後恢復到初始畫面；又比如你輸入「RUN」，小雞就會揚起翅膀，在屋子裡瘋跑，而當你輸入的單詞小雞無法用肢體語言表達的時候，小雞就會做出表示不解的動作，還有就是當你長時間沒有動作的時候，小雞就會做出擦汗的動作以示抗議。

這個可以完全按照網友命令做動作的小雞，跟漢堡王的定位——「按你所想做的去做」配合得天衣無縫，將企業思想通過一種互動遊戲式的體驗傳遞出來。此方案起初也是讓20多人把網址通知各自的朋友圈，接下來令人意想不到的奇跡發生了。網址啟動後一周內達到了1,500萬～2,000萬次點擊，平均每次訪問逗留時間長達6分鐘。這次掀起的熱潮連創作者也感到詫異，形容說「情況簡直完全失控！」

而很多訪問了這個網站的網民，也順便會點擊下面幾個按鈕，直接進入漢堡王的網站，瀏覽到最新的雞塊漢堡快餐促銷信息。

（3）網民自創策略

網民的創造力無窮無盡。在視頻網站，網民們不再被動地接收各類信息，而是能自製短片，並喜歡上傳並和別人分享。除瀏覽和上傳之外，網民還可以

通過回帖就某個視頻發表己見，並給它評分。因此，企業完全可以把廣告片以及一些有關品牌的元素、新產品信息等放到視頻平臺上來吸引網民的參與，如向網友徵集視頻廣告短片、對一些新產品進行評價等，這樣不僅可以讓網友有收入的機會，同時也是非常好的宣傳機會。

小案例：百事我創·周杰倫廣告創意徵集

2006年百事打造了百事我創·周杰倫廣告創意徵集活動。百事把下一個視頻廣告的創意權交到消費者手中，讓用戶自創廣告創意內容，並由周杰倫擔任主角進行拍攝，這不同於以往由品牌和專業廣告公司決定廣告創意的操作方式。

活動通過線上的富媒體廣告等推廣方式以及百事可樂線下的公關宣傳，吸引消費者到活動的官方網站，提交他們心目中理想的廣告劇本。同時，消費者參與打分和點評，以此來決定哪個廣告創意最為合適，甚至周杰倫也可以上來點評。

最終網友的參與程度非常高，最終入圍的作品甚至由作者把平面的動畫都描繪出來。一共收到接近3萬個富有創意的廣告劇本，共計597,973人參與對作品的評論，1,070,340人次參與對作品打分，平均每分鐘最高4,000多人次在線瀏覽作品。最終《貿易起源篇》廣告腳本以335,447的最高得票數獲勝。不僅如此，廣告中的兩名配角也由全體網民推薦並投票產生。

評選過後，中國第一個由網友創造的視頻廣告開拍，百事不斷將拍攝視頻花絮上傳網路，甚至安排劇本創作者親自到達拍攝現場，見證廣告的產生。通過前期的長期預熱，加上「周杰倫百事我創」視頻廣告上線倒數活動的開展，當這個廣告剛發布，就立刻在互聯網上廣泛轉載，影響巨大。

（4）病毒行銷策略

網民看到一些經典的、有趣的、輕鬆的視頻總是願意主動去傳播，通過受眾主動自發地傳播企業品牌信息，視頻就會帶著企業的信息像病毒一樣在互聯網上擴散。病毒行銷的關鍵在於企業需要有好的、有價值的視頻內容，然後尋找到一些易感人群或者意見領袖幫助傳播。

（5）事件行銷策略

事件行銷是指企業通過策劃、組織和利用具有新聞價值、社會影響以及名人效應的人物或事件，吸引媒體、社會團體和消費者的興趣與關注，以求提高企業或產品的知名度、美譽度，樹立良好的品牌形象，並最終促成產品或服務的銷售的手段和方式。由於這種行銷方式具有受眾面廣、突發性強，在短時間

內能使信息達到最大、最優傳播的效果，為企業節約大量的宣傳成本等特點，近年來越來越成為國內外流行的一種公關傳播與市場推廣手段。事件行銷一直是線下活動的熱點，國內很多品牌都依靠事件行銷取得了成功。其實，網路行銷也可以充分借助有影響的事件，或者自己策劃有影響力的事件，編制一個有意思的故事，運用網路視頻行銷策略，通過網路媒體進行廣泛的傳播，實現出新的行銷價值。

小案例：米缸金融「猴賽雷」事件網路行銷

猴賽雷是廣東話「好厲害」（廣東話講就是「好犀利」）的音譯，來源於一名90後女性在網上發帖，大秀自己的照片和找男朋友的標準，引來不少網友嘲諷。猴賽雷就是指這位華裔女子，也泛指這一事件。

2016年，春晚吉祥物「康康」形象公布之後，因其臉頰部分有兩個球狀凸起，被網友諧音稱作「猴腮雷」，因此又引申出另一個調侃的含義。

走紅事件

2009年國慶節剛過，一位網名叫「猴賽雷」的90後女孩在網上發帖徵「優質」男友。帖中大秀自己只穿著睡衣、抹胸的靚照，同時公布了在身高、體型、穿戴、花錢等方面擇男友的六大條件：體型當然要很完美的，參照吳彥祖的身材吧，有八塊腹肌最好了，沒有的話六塊我也湊合了，強狀點的男人才能夠更好地保護我。身高不能低於180厘米，並堅決聲稱不要胖子。同時，「猴賽雷」還要求準男友要會打扮，最起碼懂得怎麼穿衣服，不能穿山寨衣服、戴20世紀70年代的帽子、趿拉10元錢的拖鞋；要大方，不要和她AA制，不要一天到晚就會發短信，連電話都捨不得打，打了兩分鐘就掛掉；一定要專一，別背著搞曖昧，短信記錄、通話記錄必須實時報告；要全能，電腦出問題要幫忙修好，我不愛吃的東西要全部吃掉；要穩重，不能在一起了反而需要我來照顧。

該帖一發到網上，立刻引來近百位網友回帖，而回帖中，幾乎都是反對的聲音。不過，這不影響「猴賽雷」一夜之間成為網紅。

再次走紅

2016年1月21日，中央電視臺發布了2017年春晚吉祥物，以十二生肖「猴」為原型，取名「康康」。它是由北京奧運會福娃設計師、國家一級美術師韓美林設計的。然而與福娃受到的追捧不同，「康康」一經發布就迅速引來了廣大網友的吐槽，特別是關於它臉上兩個凸起的設計，更是讓它有了「猴腮雷」的洋名。

2015 年互聯網行業最為火爆，最受關注的莫過於互聯網金融領域。相關數據顯示，截至 2015 年年末 P2P 平臺數量達到近 4,000 家的行業規模，行業競爭十分激烈。而春節這個熱門行銷節點，也成為 P2P 平臺競爭之地，各平臺紛紛打起了春節牌。PPmoney、懶投資等平臺延續了 P2P 平臺一貫的作風發紅包；而其中較為新穎、較為成功的案例要數米缸金融的「猴賽雷」視頻行銷。該視頻在主題選擇上借勢春節，以「猴賽雷」為元素，通過搞笑的視頻剪輯以及字幕，巧妙地結合股市和 P2P 投資，打造出了第一支詮釋猴年最熱詞「猴賽雷」的行銷視頻。並通過 B 站鬼畜視頻的方式展現出米缸金融的品牌時尚性，抓住了年輕都市人群。

在傳播效果上，米缸金融的這一「猴賽雷」行銷視頻也在微博、微信等傳播渠道上得到了廣泛的傳播，眾多的微博大號以及知名自媒體進行了轉發評論，微博話題#猴年如何猴賽雷#等達到了 1,600 多萬的閱讀量，視頻在網路上的觀看量也達到了 150 多萬人次，達到了很好的傳播效果。

(6) 整合傳播策略

由於每一個用戶的媒介和互聯網接觸行為習慣不同，這使得單一的視頻傳播很難有好的效果。因此，視頻行銷首先需要在公司的網站上開闢專區，吸引目標客戶的關注；其次，應該跟主流的門戶、視頻網站合作，提升視頻的影響力。而且，對於互聯網的用戶來說，線下活動和線下參與也是重要的一部分，因此通過互聯網上的視頻行銷，整合線下的活動、線下的媒體等進行品牌傳播，將會更加有效。

小案例：多芬：真美運動之潮

多芬是聯合利華公司在北美乃至全球的強勢品牌之一，作為時尚前沿的品牌，其行銷活動也引領著世界的潮流。2005 年，多芬在 10 多個國家對 3,300 位 15~64 歲的女性進行訪談，調查的內容只有一項：什麼是女性真正的美？被調查的女性們認為：在主流文化中，美麗的定義和形象展現都太過狹窄，難以企及的美麗標準都聚焦在一些外表條件層面，真正的美麗應該更多地關係到女人是誰，包括她們的開心、善良、自信和尊嚴。美麗的定義應該包括更多精神層面的內涵，媒體展現的女性美麗應該在女性的體重、身材、年齡、種族等方面有更大的包容度。

在調研中還發現，女孩們在成長的早期（6~17 歲）就形成自己對美麗的看法。因為這些標準，有些小女孩會認為她們永遠都不會成為漂亮的女孩，這些狹窄的美麗標準和她們認為自己不夠美麗的看法會直接影響到她們的自尊

心、自信心和幸福感的形成。另外，只有2%的女性認為自己是美麗的。針對這個調研結果，多芬決定在全球發起一場「真美運動」，探討並追尋什麼是女性真正的美。多芬將運動的使命確立為：讓女性每天都感覺更美麗。沒有頂級美女，也沒有大投入大製作，聯合利華旗下的多芬欲在各大視頻網站投放一個很短的視頻種子廣告，希望能借助視頻這個「病毒」本身，令受感染的受眾自願去談論、去分享，從而將品牌輻射能量迅速擴散開來。但要達到絕佳效果，首先必須找準對象。多芬的「真美運動」一開始就選中了8~12歲的女孩作為品牌傳播的對象。對這類女孩，多芬沒有一味地宣傳自己的產品，而是對其開展線下活動——大眾評選真美女性。選秀通過類似於超女的大眾評選，尋求那些「外表超越了對美麗的模式化標準」的真美女性。為調動女性消費者的積極性，多芬在美國紐約時代廣場製作了互動式戶外票選顯示屏，為每個人平等地表達自己的意見提供機會，通過消費者的參與相互傳播真美的理念。

多芬還同另一民間組織合作，邀請媒體和美容行業的專家舉辦了一場大型研討會，辯論美麗的真義，並組織了一系列地方性研討活動和照片影像落地巡展，將這場辯論從精英層推向民間社會。這個過程是為了告訴女孩們自然美、真善美和內在美的重要性，並教會她們怎樣發現自己的美麗之處。這種「病毒」才是真正能感染目標對象的「病毒」。它促使這群剛萌發愛美之心的女孩子去思考、去發現真正的美。當她們從中領悟時，才會自發地去傳遞「真美運動」以及多芬。前期的精彩鋪墊為接下來的重頭戲埋下了伏筆。在悉心培植目標對象後，多芬開始打造擁有絕佳創意的「病毒」視頻。在這個名為「蛻變」的1分多鐘廣告中，多芬用真實的鏡頭記錄了一個相貌普通的平凡女孩如何在化妝師、攝影師和Photoshop軟件的幫助下，變成公路廣告牌上美若天仙的超級模特的過程。廣告最後的字幕寫道：「毫無疑問，我們的美感已經被扭曲了。」

3. 視頻創作技巧

良好的視頻創作技巧是視頻行銷成本的關鍵，視頻創作技巧可以用「高」「熱」「炒」「情」「笑」「惡」六個字來概括。

第一式：高

基本上是用高人進行高超技藝表演。因為是高人由不得你不信。但表演的動作太高難度了、太神了，又不自主地懷疑它的真假。這由高人帶來的高特技表演勢必會讓你高興地觀賞，並且樂意與他人分享和談論。例如，羅納爾多連續4次擊中門柱的神奇視頻就是2005年其為贊助商NIKE拍攝了一段廣告，結

果在全世界範圍內引發了一場激烈的討論。儘管耐克事後承認該視頻是經過處理的，但是並不妨礙這個廣告在互聯網上的病毒性傳播。

第二式：熱

借用熱點新聞吸引大家的眼球。視頻靠的絕對是內容。言之有物，滿足人心好奇和捕獵的心理，用熱門新聞衝擊人性中隱藏最深的東西，借由對視頻的熱度來謀求關注獲得經濟效益的目的。

第三式：炒

古永鏘離開搜狐進軍視頻領域。建立優酷網，靠張鈺視頻一舉成名，還獲得了1,200萬美元的融資。其中的關鍵就是借用張鈺對潛規則的炒作。後來古永鏘和他的優酷網又靠張德托夫的《流血的黃色錄像》這個很有爭議的短片賺了大把的眼球和人氣。僅僅預告片，已經有了幾十萬的瀏覽量，而且各種由片中導演和演員的訪談不斷出爐，越炒越火。

第四式：情

以情系人，用情動人。傳遞一種真情，用祝福遊戲的方式快速病毒性傳播。如「新年將至眾男星用盡心思與×××共度新年」等。只要你填上你朋友的名字，一個漂亮、個性化且具新意的網路祝福就輕鬆搞定。這種方式可穿插某種產品宣傳，效果也不錯。

第五式：笑

搞笑的視頻廣告帶給人很多歡樂，帶給人歡樂的視頻人們就更加願意去傳播。筆者在幾年前就曾經收到一個索尼相機的廣告。廣告中描寫的是一個老婆為騙加班的老公回家，用數碼相機制作了一個偷情的畫面，使得老公迅速趕回到家。據說這個廣告在互聯網上傳播甚廣。

同樣耐克公司的很多廣告也不乏這種搞笑經典之作。有個葡萄牙和巴西兩支球隊在入場前對決的廣告當初更是風靡一時。因為這兩支世界勁旅都是NIKE旗下的重要贊助球隊，兩支球隊進行一場友誼賽，在入場儀式開始之前兩隊在通道內等候，菲戈從主裁判手中拿過皮球將球從羅納爾多兩腳之間運過，挑釁地喊出了「Ole」，雙方隨即開始了一場比賽開始之前的爭奪戰。隨著輕快優美的「Mama Loves Mambo」的歌聲，兩支球隊的巨星開始展現自己的出眾的個人技術。羅納爾多最後時刻登場帶球進入球場連續晃過葡萄牙隊的球員，在用最經典的「牛尾巴」過人後，他被主裁判飛鏟放倒，比賽才恢復正常秩序。在奏國歌的儀式上，巴西隊和葡萄牙隊的球員一個個臉上傷痕累累，讓人印象深刻。這個廣告當時十分流行，NIKE再次完成了一次成功的廣告宣傳。

第六式：惡

使用最普遍的有三個手法：惡俗、噁心、惡搞。

惡俗：因為俗所以招人鄙視，但因為惡俗所以讓人關注。電視視頻廣告常常會出現經典的俗廣告，甚至被眾多觀眾扣上了惡俗的標籤，以至於各種民間的惡俗廣告評比討論層數不窮。但對於一些產品，廣告的惡俗會造成銷量的增長，有些專家道貌岸然地狂批人家沒水準，說損害品牌的美譽度。我只能說：如果你不是目標客戶群體，損害你心目中的美譽度沒啥關係。例如，腦白金廣告誰見誰罵，俗不可耐。但是中國就是有送禮這個國情，購買者和使用者分離這個產品特性加上這個惡俗的廣告使得其銷量一直不錯；否則沒有效果，誰會傻到一播就是這麼多年。當完成歷史使命時史玉柱急流勇退，可謂大智。

噁心：典型例子如芙蓉姐姐，借用大話西遊的一句話，相信大家吐啊吐啊就習慣了。

惡搞：最經典的例子要屬胡戈的「饅頭」。《無極》上億元投入獲得的效應，胡戈幾乎沒花錢就獲得相同的影響力，足以讓世人見證惡搞的實力。

4. 視頻行銷的注意事項

視頻行銷要想獲得成功，分別有五大「應做」和五大「不做」應該銘記在心。

（1）五大「應做」

巧妙敘事：不管是用於「病毒行銷」的網路視頻還是面向用戶的感謝信，優秀的視頻一定要學會講故事，以此留住觀眾的注意力。

言簡意賅：效果最好的在線視頻長度介於 30 秒至幾分鐘之間。如果你有長達一小時的話要說，那麼就分成幾個小段，這樣觀眾會覺得更有趣一些，而且容易找到主題。

處變不驚：在市場行銷活動中，如果你舉辦比賽讓顧客們發揮想像製作視頻短片，那麼你最好有思想準備，因為參賽作品中可能會出現不少負面的東西。

做足功課：誰也無法保證一個視頻行銷策略註定會引發病毒式的傳播效果。即便如此，你依然必須弄明白消費者想要什麼，就像你在傳統行銷方面做過的事情一樣。

精確計算：雖然「病毒視頻」日趨流行，但是這並不意味著那些樂此不疲的觀眾就會是你的目標群體。最好能夠獲取受眾的構成報告，然後看看究竟有多少人會轉變為最終用戶。

(2) 五大「不做」

弄虛作假：如果有大公司想要假扮成普通網民的話，那麼必須冒真相大白之後被唾沫星子淹沒的風險。最好老實交代自己是誰，因為誠信在網上顯得更為重要。

處心積慮：最好的推廣視頻一定要讓員工用自己的話講述自己的故事。費力不討好地準備一大堆演講稿讓人照本宣科只能弄巧成拙。

極度潤色：公司如果打算建立一個視頻推廣網站的話，未必非得讓上面的作品都保證極高的質量。實際上，過高的視頻質量容易被人誤解為傳統的電視廣告。

年輕過頭：根據最新的調查結果，相比 18～24 歲的年輕人，35～54 歲的中年觀眾對於網路視頻的熱情絕對不相上下。如果你只把目標受眾定為年輕人，那麼就會丟掉大塊市場。

忘記品牌：獨一無二的滑稽視頻在互聯網上能夠取得極佳的傳播效果。

（三）遊戲行銷內容創造

2008 年，Google 公司 CEO 埃里克大膽預言：「能夠發揮互聯網全部潛力的候選人，將會在下一次總統大選中脫穎而出。」奧巴馬競選團隊在總統大選的關鍵時刻投入 45,000 美元廣告費，從 10 月 6 日到 11 月 3 日相繼在 18 款電視遊戲中置入競選廣告，此外，個人空間、視頻、社區、搜索引擎、電子郵件等網路形式輪番登場，最終奧巴馬成了美國歷史上第一位有色人種的總統。

1. 遊戲行銷理解

遊戲行銷有兩層理解，淺層次理解就是遊戲中植入廣告以獲得行銷效果。2007 年開始，一個新名詞——「IGA」（In Game Advertising）進入中國廣告和投資圈人士的視野，2006 年 4 月微軟以 2.8 億美元的價格收購遊戲內置廣告公司 Massive，2007 年英特爾和數家融資機構一同對遊戲內置廣告公司 IGA 進行了 2,500 萬美元的投資，同年 Google 斥資 2,300 萬美元收購了遊戲內置廣告公司 Adscape Media，當年全美有接近 30% 的遊戲加入了嵌入式廣告發布系統。

《辭海》裡說，遊戲的基本特性是以直接獲得快感（包括生理和心理的愉悅）為主要目的。

德國詩人席勒更是一針見血地指出遊戲的本質：「人類在生活中要受到精

神與物質的雙重束縛，在這些束縛中就失去了理想和自由。於是，人們利用剩餘的精神創造一個自由的世界，它就是遊戲。這種創造活動，產生於人類的本能。」從中我們可以概括出遊戲的基本特徵：①以直接獲得心理的愉悅為主要目的；②主體參與互動的模擬活動；③遊戲是一個具有強大用戶黏性的行為，容易「上癮」。「未來協會」的遊戲研究主任 Jane McGonigal 在舊金山「遊戲化峰會」上說，「遊戲就像人們主動招惹的快樂麻煩」，她認為用戶玩遊戲就是想要獲得「良性刺激」，以激發我們表現自我、釋放壓力的心理需求。總之，遊戲是人的天性。

具體操作時，廣告主可以考慮和某款或者數款遊戲合作，利用已有的龐大用戶基數，植入行銷信息，策劃符合遊戲世界觀的品牌任務，同時將遊戲道具作為獎勵機制刺激玩家的參與度。

遊戲行銷的深層次理解更準確地說是遊戲化行銷，就是用遊戲思維和遊戲機制去解決問題，增強與對象的互動，達到行銷的目的。

遊戲機制是一個遊戲開發者們相對熟悉的專業名詞，其主要研究內容包括兩個方面：①遊戲過程中的進階（Progression）、反饋（Feedback）和行為（Behavior）；②遊戲人群的類型（Personality Types）：探險者（Explorers）、成就者（Achievers）、社交者（Socializers）和競技者（Killers）。

Nike+是一個經典的遊戲化案例，通過一個 iPod 芯片，讓孤獨的跑步者將跑步變成自己與自己，自己與網友的一次 PK 遊戲，挑戰、分享、記錄、榮譽，恰如遊戲定義——麻煩了，但是愉快了。

相對而言，遊戲化行銷功能更能體現遊戲行銷的精髓。遊戲和電影一樣，是一種文化產品，並不是簡單的媒體陣地，所以 IGA 只能是遊戲行銷的一部分，而不是全部。前幾年美國 IGA 遭遇泡沫破滅，但品牌主與遊戲的合作不但沒有偃旗息鼓，反而隨著 Facebook + Zynga 的 SNS 遊戲模式，植物大戰僵屍、憤怒的小鳥的手機遊戲模式迅速崛起而更加如火如荼。

近年來，由於手機遊戲的興起，因其移動方便，能夠充分利用碎片化時間，為品牌宣傳推廣提供了獨一無二的有利條件。瑞典郵政就是一個很好的例子：這款遊戲應用適用於 iPhone 平臺，參賽者可以選擇 40 個虛擬包裹中的一個，並將其運送到城市裡的預定地點。應用過程會用到你的位置信息，提供參考路線。最先將包裹送達預定地點的人，將會得到主辦方送出的包裹中的實體物品，價值 300～5,000 瑞典克朗不等。此應用是一個基於位置的智能遊戲，它使用戶參與到一場市場行銷活動中，與此同時，還讓用戶對郵政服務的概念有一個全新的見解。

2. 遊戲化行銷策略運用思路

將行銷與遊戲緊密結合，通過遊戲的方式實現行銷的目標，有四種策略可以嘗試。

（1）實體性的遊戲化應用

實體性的遊戲化應用，顧名思義，就是在狹義的遊戲行為中，進行洞察真相和產品吸引力打造的過程。遊戲和電影、電視劇並無二樣，都是一種特殊的媒介形態，自然可以做植入性的行銷實驗。

小案例：遊戲機，動起來！

Wii在次時代遊戲機的競爭中脫穎而出，就是因為Wii避開了對方的強項視頻功能，而用「體感」的賣點切入市場。

人性化的方式可以讓你媽媽有機會坐到電視機前打保齡球，你在以前敢想像嗎？

體感的設計成功地吸引了相當一部分玩家，甚至是以前從來不玩遊戲的人！

Wii沒有強大的機器性能，沒有炫目的光影效果，但是一樣可以獲得巨大的成功，原因就在於Wii抓住了遊戲的本源，人們需要的是去「玩」遊戲，而不是呆坐著拿個手柄被遊戲「玩」。

這也是為什麼在全球主機銷量上，Wii遠超競爭對手的原因。

不只在遊戲方式上，在遊戲裡也有很多文章可做。我們可以把品牌嫁接到遊戲場景中，而且在遊戲這個類別中，可以運用的手段和方式其實更多也更豐富。

如果把用戶體驗按照時間順序分類，可以分成獲取、參與和挽留三個過程；一個優秀的遊戲化行銷在這三方面都可展現出其強大的優勢；相比較電影裡幾秒鐘的驚鴻一瞥，品牌在遊戲中與用戶的相處和溝通時間可能持久更多。

（2）利用遊戲特性的行銷行為

實體化遊戲策略思路很直接，遊戲是遊戲，行銷是行銷，然後把其整合到一起，大功告成。

但是，這只是個開始，因為我們只知其然，還不知其所以然。就遊戲這個問題而言，我們已經知道人們愛玩遊戲，更應該瞭解的是人們為什麼愛玩遊戲，或者人們愛玩什麼樣的遊戲，去找到一些遊戲共有的特性，然後再加以利用。

如前所言遊戲的本質是娛樂、休閒，並從中獲得相應的快感。但是有趣的是，遊戲中的過程，卻往往和這些我們最終追求的目的有些背道而馳。比如在眾多遊戲中有一個經常出現的場景：打怪練級。

這本身是一件很沒道理的事。為什麼有這麼多人習慣做一件重複枯燥的事情，日復一日卻不知疲倦，反而熱火朝天、樂此不疲？一定有其奧秘在。

我們認真分析後可以得出一個很清晰的結論：如果完成一件工作後，可以得到即時、清晰、確定的獎勵，毫無疑問對執行工作的人來說有極大正面的刺激，可以提升做事的動機。

打怪會掉錢，會掉裝備，即時即可拾取；打完一定的怪可完成任務，可獲得獎勵；完成一定的任務可升級，可獲得獎勵……

重要的是，這一切都是可控的、可掌握的，而且必定會實現的。

更重要的是，這種獎勵往往是連續不斷地出現的，這種誘惑無人能擋。

這就是玩家不斷重複一件相同工作的意義和動機，而相比遊戲，現實中完成工作的獎勵大多是延遲、模糊、不確定的。很多時候出現的狀況是，你為一件事情做了大量的工作和努力，最終一無所獲，獎勵為零。

如果可以運用遊戲獎勵即時清晰確定的特質去與行銷結合，我們可以期待事半功倍的效果。換言之，如果一個行銷活動在設計時可以結合以上環節，給人群帶來遊戲化的感受，那麼即使其並不以絕對的遊戲形式出現，也可以獲得好的效果，因為其內核歸根到底還是一種遊戲。

積分（收集）系統

人們之所以對這種遊戲如此痴迷，是因為潛意識中人們的成就感作祟。不只是完美主義者和有強迫症的人，大多用戶對於「未完成」或「不完整」都有多多少少的不舒服，人的收藏欲望是與生俱來的。

那麼你需要做的就是創造一個簡單的系統（很多時候它是龐大而且不太容易達成的），然後等著用戶自己去一點點把這個拼圖拼好。

在現實中，星巴克做得也很成功。

收集星巴克城市杯的過程是艱辛的，因為只有你到每一個城市，才有對應的咖啡杯出售，收集完成的過程，也就等於走遍世界的過程，絕對不是件容易的事。但事實是，有大批的人正孜孜不倦地進行著這份工作。

社交網路裡也有類似的例子：在 LBS 網站 Foursquare 上，用戶通過簽到獲得各種徽章，或者爭搶某地市長的稱號，而用戶所能得到的獎勵——勛章。

和平年代，沒有上陣殺敵的機會，不要緊，Foursquare 有的是勛章等你來拿。

數碼行銷和電子商務經理 Kevin Warhus 說過：「隨著 Foursquare 時代的來臨，以及一系列其他的社會化簽到工具，獎勵和勛章已經成了一種時尚……人們自然而然地享受因為自己的付出被獎勵，並且願意收集對他們所付出的時間和精力的證據從而向朋友們炫耀。」

沒錯，這是一種時尚。

升級機制

升級的機制幾乎貫穿所有的網路遊戲系統。玩家玩命的玩，從 1 級到 10 級再到 30 級或者 50 級，沒有盡頭，而玩家的練級熱情更是近乎恐怖。圖的是啥呢？很簡單，高等級才能拿好裝備，高等級才能更厲害，高等級才能鄙視低等級的人。簡而言之，更高的等級，意味著更好的服務、更多的遊樂選擇、更好的用戶體驗。

小案例：升級機制的經典：航空里程計劃

里程計劃起源於 1979 年，德克薩斯航空提出了飛行常客獎勵計劃，在隨後的 30 年裡這種簡單明了吸引乘客的形式被全世界幾千家航空公司發揚光大。普遍的形式是：乘客們通過這個計劃累計自己的飛行里程，並使用這些里程來兌換免費的機票、商品和服務以及其他類似貴賓休息室或艙位升等之類的特權。

這幾乎和遊戲中打怪升級沒什麼區別。而這種系統的實質就是層級區分的誘惑，這種誘惑的吸引力之大感覺和吸毒沒什麼差別，一旦一個人習慣坐上頭等艙，很難再把他趕回經濟艙去，而他只會進一步期望再把頭等艙分個精英頭等艙和普通頭等艙，或者恨不得直接坐到駕駛室去。沒錯，這是一種上癮的慾罷不能的衝動。

人其實就是這樣劣根性凶猛的動物，表面上口口聲聲號稱眾生平等，其實心裡大多期望自己站在金字塔的頂端高人一等、俯視眾生。我們都痛恨不平等，但是同時我們又暗自努力甩開現在自己身處的等級，無時無刻不往高等級的地方攀登。而航空公司只要默默地配合迎合我們的想法就成了。

行銷其實很簡單，只要陪著人們做遊戲，強行把他們分成三六九等就可以了。

與升級機制牢牢地捆綁在一起的，則是排行榜制度：得分、等級、排行榜。這是相互關聯、牢不可破的一個系統。等級激勵用戶不斷向前，而排行榜則把這種競爭直觀化，明確地告訴用戶，你在哪裡，你前面有多少人，你後面有多少人，你到下一個等級還需要什麼條件。除此以外，可以利用的遊戲性要

點還有任務挑戰、倒計時機制、定時機制、行為慣性、探索發現、免費午餐、擁有感、無限性、快樂生產、團隊協作、進度條⋯⋯只要你懂得遊戲、懂得洞察。

（3）用遊戲的行銷心態，去做行銷的遊戲

行銷裡有一條很重要的原則，即「新鮮變熟悉、熟悉變新鮮」。而貫徹到遊戲裡面，我們即可以說是把「嚴肅變好玩」。嚴肅的事情很多，因為這世界太沉重；好玩的事大家更需要，因為這世界太膚淺。行銷，更多的是一個壞孩子的遊戲！在行銷的世界裡，壞孩子才能玩得如魚得水，好孩子根本不占便宜！行銷，有時本來就沒有規則好講。行銷不是請客吃飯，也不是禮尚往來。做正人君子很好，但對不起，在這個世界裡不是最好的選擇。當然，我們的壞是有底線的壞。我們所有的「壞」行為，都是建立在利己不損人的基礎上。否則那就叫做惡孩子了。

說一千道一萬，在生產和銷售上，我們期望看到的是踏實、認真、負責、一絲不苟的工作態度和企業作風。而在品牌傳播和行銷上，卻如同遊戲，該認真就認真，該幽默就幽默，該混蛋就混蛋——認真你就輸了。

（4）變身遊戲中人——有意思的人

行銷就是遊戲！玩遊戲的又是誰？歸根到底，是人，是企業的經營者。把行銷做得好玩不容易，而更難得的是，做一個好玩的人。一直有一種說法：對一個人的最高評價不是他的地位有多高、財富有多驚人，而是「這是一個很有趣的人」。

一直以來，品牌的宣傳重點不管如何調整，始終以品牌本身為主。而企業的經營者和領導者，往往被有意無意的要求低調、不顯山露水、深藏功與名。時代在前進，行銷也在與時俱進。品牌的形象，已經不再是一句廣告語、一個形象載體或者一個明星所能簡單承載的了，企業的掌門人，已經越來越和企業本身緊緊地捆綁在了一起。

消費者一直都是很直接，不喜歡拐彎抹角。一個很明顯的事實是，他看你順眼，就買你的產品；他看你不爽，就當你的產品是垃圾。而這裡的「你」，指是一個活生生的人，你的一顰一笑、一舉一動都會深深地影響你的品牌。那為什麼不變得有意思點呢？

（四）圖片行銷內容創造

幾年前，一張張貼於全國廣大農村地區，內容主要是韓國總統李明博為中

韓冰箱做廣告的圖片在網路上廣為流傳，給中韓冰箱帶來了良好的宣傳與行銷效果。見圖6-1。

圖 6-1

中韓冰箱，作為白色家電領域的一家新興品牌，在傳播資源和傳播預算上，自然無法和眾多大佬相提並論，必須獨闢蹊徑。2012年恰逢中韓建交20周年，策劃人靈機一動，別出心裁地創作了這張影響力巨大的圖片，以時任韓國總統李明博慶祝中韓建交20周年的名義大力推薦中韓冰箱：「我向中國人民推薦中韓冰箱」——慶祝中韓建交20周年。

一個國家的最高領導人親自推薦產品，這是何等的氣場，既有利於產品推廣，也利於促進中韓友誼！

1. 圖片網路行銷理解

圖片網路行銷是指將產品、服務以及公司的聯繫方式等信息製作成靜態或動態的圖片，通過網路平臺將信息傳遞到客戶手中，並使客戶產生需求。圖片行銷具有以下五大特點：

第一，使用範圍廣泛。在互聯網上幾乎所有可以互動的平臺均可以通過圖片進行互動，類似貓撲社區這樣的論壇，類似騰訊QQ、新浪UC這樣的點對點即時通信工具，類似價值中國、博客中國這樣的博客，還有電子書、電子郵件等都可以通過圖片形成企業同網友之間的互動。

第二，製作成本低。電子圖片的製作是通過電腦軟件進行製作合成的，因此其製作成本十分低廉。

第三，較強的感性認知。圖片相比文字具有更強的感性認知，當客戶看到圖片後，可以迅速地從圖片中提煉出圖片的核心內容，給客戶留下深刻的

印象。

第四，傳播速度快。網路傳播省略了傳統媒體的印刷、製作、運輸、發行等中間環節，圖片通過網路平臺能在瞬間將信息傳遞給受眾。

第五，傳播範圍廣。網路傳播可以將信息 24 小時不間斷地傳播到世界的每一個角落。

只要具備上網條件，任何人在任何地點都可以看到網路傳播的信息。

2. 圖片網路行銷的步驟

第一步，確定行銷目的。企業希望通過圖片傳播得到一個什麼樣的結果。一般來說，圖片在網路行銷中的應用主要涉及三個目的：①提升企業產品或品牌的知名度、美譽度；②提升產品線上、線下的銷售量；③通過網路對企業產品空白區域進行招商。

第二步，圖片挑選或製作。根據企業的目的結合常用題材挑選或者設計製作圖片。圖片分為生活圖片和商機圖片兩種。生活圖片主要應用於提升產品知名度和提升企業品牌知名度方面，商機圖片主要應用於產品的線上銷售、線下的間接銷售以及產品招商方面。

第三步，圖片命名。圖片搜索是根據圖片的名稱或圖片所在頁面的文字進行收錄，因此圖片在發布出去之前，一定要根據圖片內容和產品行銷目的，進行重新命名，有時還需要配上文字。

第四步，圖片推廣。將圖片廣泛發布於論壇、QQ 群、微信群等各類網路媒體或社交媒體中。在圖片推廣中，如果能夠結合事件行銷、軟文推廣等，推廣速度將得到顯著的提高。

第七章　社群營運

社群營運是社群行銷的核心內容。本章的內容主要包括三個方面：社群行銷的適用性、企業網路社群的構建和企業網路社群的營運。社群行銷是傳統企業在移動互聯網時代最重要的行銷工具，在實踐中做得較好的是互聯網企業，不少傳統企業尚處於摸索階段。

目前較為成功的社群行銷案例包括小米手機和星巴克咖啡等案例，這些成功的案例有各自的資源和策略。其共同點是利用社交網路建立了用戶的溝通渠道，並且讓用戶參與到產品設計和行銷活動中。小米手機的社群行銷主要通過微博及小米官網、手機社區等平臺進行，星巴克則利用各大社交平臺發布各種推廣活動吸引用戶。

我們不妨通過小米手機微博分析一下，小米的社群行銷到底有什麼特別之處。

小案例分享——小米手機微博案例之一：大屏小米手機徵名投票

小米官方微博內容：「大家好！我們打算推出一款『有史以來最大屏的小米手機，是個全新品類』。備選有4個名字：小米 Max、小米 Pro、小米 Plus 和小米 Big。想請大家幫忙投票看看。放心，這個未滿18歲也可以投票。」

小米官方微博信息顯示，參與這項徵名投票活動的用戶數大約8.5萬人，如此大的用戶體量，足以滿足任何統計分析的數據需求，得出的調查結果具有較高的可信度，這些都是用戶自願參加的，無須任何費用。同時，這條微博獲得了3萬多次轉發和4萬多條評論，可見用戶參與的火熱程度。不過，考慮到小米手機有1,451萬名粉絲，本次活動參與轉發和評論的總用戶數僅占其粉絲數量的0.5%。這說明龐大的粉絲數量是小米手機微博行銷的重要資源。同時也意味著，如果按此比例，粉絲數量不足1萬的小品牌若舉行一次微博活動，其獲得的用戶參與數量很可能不足100人，其影響力就微不足道了。

另外，根據小米手機微博2016年4月15日發布的信息：「大屏小米手機，

新品徵名投票，兩天以來在微博、小米社區和 MIUI 論壇共有超過 24.5 萬人參與，包括未滿 18 歲的。最終@小米 Max 以 116,294 票，成為最受大家喜愛的名字。」

從以上信息可以看出，小米大屏手機徵名活動並不僅僅在新浪微博進行，還包括在小米官方的社區和論壇開展。那麼，就提出了一個問題，小米手機微博、社區及論壇在整個社群行銷體系中分別處於什麼地位，發揮了哪些作用呢？接下來，讓我們繼續看更多的小米手機微博，就不難看出其關聯行銷的機制設計。

小米手機微博案例之二：手機用戶資深度測試送 5 臺小米 Max

微博內容：「【手機用戶資深度測試送 5 臺小米 Max】你玩機夠小米 Max 嗎？MIUI 報告顯示：31.7% 的人玩手機每天超過 5 小時，平均點亮屏幕 214 次，女生比男生更愛玩。5 月 10 日小米 Max 發布，大屏幕、大電量、大容量，專為資深用戶設計！馬上測試，獲得你的玩機稱號並分享微博，每天送一臺新品手機。」後面所附 URL 鏈接到小米官網的小米 Max 新品發布專題活動頁面。

與微博新品徵名的活動不同，這則微博則將微博用戶吸引到小米官方網站參與測試活動。其實很多微博活動，最終都會鏈接到小米官網來進行。微博平臺是別人的，官網是自己的，這個道理很明顯。就是從微博平臺獲得粉絲關注，然後通過各種活動，將用戶吸引到官方網站或官方社區，真正成為企業的用戶資源。

小米手機的行銷模式成為被廣泛關注的成功案例，研究小米模式的文章眾多，每個作者都可能從不同的角度發現和分析小米成功的因素，其中比較一致的觀點包括用戶參與、饑餓行銷等，簡單來說也就是充分發揮了社群經濟的優勢。當一個企業或者一種行銷模式成功之後，往往會被廣泛傳播和模仿，那麼小米的行銷模式（這裡僅探討社群行銷模式）是否具有一般規律，是否可以被更多的中小企業借鑑和模仿？這是我們以小米手機為研究對象探索網路社群行銷的基本出發點。

事實上，到目前為止，小米行銷模式模仿難度還是很大的，很少有同樣成功的案例，更不用說可複製應用於中小企業的成功經驗。由於網路社群行銷還處於發展初期，還沒有廣泛適應的成熟的方法，但社群行銷的威力已經得以表現，所以隨著社交網路及社會化行銷日益成熟，通過一些方法探索社群行銷的一般規律是可行的。

（一）社群行銷的適用性

1. 社群行銷與社區行銷的區別

在企業開展社群行銷通常會遇到以下問題：企業到底需不需要社群行銷？社群行銷與社區行銷的區別是什麼？社群行銷最適合哪些企業或機構？

網路社群，是指因某種關係而連接在一個圈子的互聯網用戶，如 QQ 群、微信群、同一微信公眾號的關注者（粉絲）及用戶、同一話題的參與者、同一微博的粉絲、微信朋友圈等。網路社群行銷是在網路社區行銷及社會化媒體行銷的基礎上發展起來的用戶連接及交流更為緊密的網路行銷方式。

與網路社群相關的一個概念是虛擬社區（或者叫網路社區）。在早期 PC 互聯網時代，通常用虛擬社區來描述互聯網用戶之間的信息交流場所，如網路聊天室、BBS/論壇、留言板等。2000 年之前上網的用戶對網易社區、新浪論壇等並不陌生，這些早期的網路社區滿足了用戶之間交流的需求。「虛擬社區」一詞在 Howard Rheigold 於 1993 年出版的《虛擬社區》書中有介紹，這可能是最早對互聯網人際關係的研究。

網路社群的概念則是由於 Web 2.0 的發展尤其是社交網路的應用才逐步流行起來的。從 SNS 發展的時間上推測，網路社群的概念出現在 2006 年前後，社群經濟、分享經濟等概念也是在同樣的背景下逐漸被認識的，可見社群是以社交化為基礎的。根據網路行銷的一般規律，有什麼樣的工具和平臺，就會出現相應的網路行銷方法，因此筆者傾向於社群行銷概念與社群的興起出現於同一時代。2010 年《社群新新經濟時代》一書首次系統地介紹了社群經濟理論，但並非首次解釋社群行銷的概念。

由此可見，網路社群與網路社區之間既有一定的聯繫也有明顯的區別。網路社群與網路社區之間的共同性在於：二者都是以交流溝通為出發點，但社群成員之間的連接及交流更緊密，可信度更高，更重視社群成員的參與感與歸屬感。實名制（或經過社交平臺認證）成為用戶展示個人信息的常見方式。網路社區的用戶關聯則較為鬆散，用戶之間通常僅知道「網名」，而並不公開真實的身分和聯繫信息，因而通常具有虛擬的性質。早期網路行銷被稱為「虛擬行銷」，也與這些因素有一定的關係。

但是社群與社區有時也難以明確區分，有些網路服務很難明確歸為社區還是社群，如貼吧、網路百科、博客等。如果從英文名稱來看，社群與社區都是

Community，表明社群與社區的同源性，實際上很難嚴格區分兩者的差異。因此，筆者的觀點是，理解社區與社群的差異，更多地可從應用方面去考慮。

網路社區行銷與網路社群行銷的區別主要有以下幾點：

（1）網路社區行銷的核心是工具

網路社區行銷屬於傳統的基於互聯網工具的網路行銷方式，是對網路工具行銷價值的合理挖掘及利用。也就是說，網路社區行銷的核心是工具，通常是先有工具後有行銷，通過工具實現行銷信息的發布與傳遞。網路社區行銷的方式，主要通過發廣告、軟文等方式進行，行銷方式簡單直接，不容易被用戶接受，還可能受到社區管理的約束。

（2）網路社群行銷的核心是人及連接

網路社群行銷是在網路社會關係的基礎上，將人和人連接起來，通過交流和分享等方式獲得信任，通過人的關係網路傳播行銷信息並實現後續行為。網路社群行銷的核心是人及連接，屬於先有人後有行銷的方式。網路社群行銷的方式，主要通過連接、溝通等方式實現用戶價值，行銷方式人性化，不僅受到用戶歡迎，還可能成為繼續傳播者。

當然，社群行銷也離不開網路工具（通常是社交平臺），但僅僅依賴工具本身，沒有社會關係網路節點的連接和參與，社群網路行銷是無法實現的。網路社群行銷以社交平臺為依託，構建了社會化網路關係的互動和信任，在此基礎上實現價值傳遞。網路社群行銷是最具活力的社會化網路行銷形式。因此可以說，網路社群行銷是網路社區行銷及社會化網路行銷的高級形態。社群行銷與社區行銷的主要特點總結如表 7-1 所示。

表 7-1　　　　　　　網路社群與網路社區行銷特點總結

	出現時間	產生背景	核心思想	行銷模式	典型代表
網路社區行銷	1993 年	網路交流	工具導向	廣告、軟文	論壇
網路社群行銷	2006 年前後	社交網路	關係網路	鏈接、溝通	微信群

2. 開展社群行銷需要具備的條件

通過對企業成功案例的分析以及對社群架構及形式的初步瞭解，其實不難得出結論：成功的社群行銷不是隨便可以複製的。構建和營運一個好的社群絕不是簡單的事情，即使掌握了所有的辦法，也未必能實現預期的目標，更不要說通過社群獲得理想的行銷效果了。

建立和營運網路社群的條件包括人力和資金、內容和服務、時間和耐心、

產品及行銷模式等。其營運模式和流程，與一般的 SNS 行銷並無本質差別，但對溝通和服務方面有高的要求，而不是簡單地通過社交網路實現「內容行銷」。也就是說，社群行銷比內容行銷和一般的 SNS 行銷難度更高，需要更多的資源投入及用戶資源累積。社群行銷並不是立竿見影的行銷方式，在短期內難以獲得顯著的投資收益。如果某些環節對用戶沒有產生價值或吸引力，即使經過較長時間可能也無法累積足夠多的社群成員，這就意味著社群行銷的失敗。

可見，並不是每個企業都有能力創建和營運自己的網路社群，也就意味著網路社群行銷並非普遍適用的網路行銷方法。不過，這並不是說不具備條件的企業就無法利用社群行銷，因為基於網路社群中的連接關係，每個節點都具備分享和溝通的機會，可以充分利用所參與的社群，以適當的方式傳遞企業的信息。當然不是簡單地在社群內發布廣告，而是要通過積極參與社群活動，分享及互動，逐步獲得群成員的信任和重視——建立企業的網路可信度，在此基礎上利用社群資源實現行銷的目的。

（二）如何建立網路社群

1. 網路社群的架構設計

網路社群以社交網路為基礎，但作為第三方的社交網路服務有多個，不同社交平臺的功能不同，用戶有交叉也有差異，僅僅依託一個社交平臺通常是不夠的，往往需要利用多個平臺充分發揮各社交網路平臺的特點，最大限度地發揮社交平臺的鏈接與溝通價值，獲得更多新用戶關注以及與老用戶的溝通。同時，在條件具備的情況下，還需要建立企業自己的社交中心，將分散在各社交平臺的用戶集中到企業自己的用戶中心，完成社群資源的累積。

因此，企業級網路社群的一般架構是：社交網路集群+企業用戶關係中心。而以個人為核心的網路社群（基於自媒體的擴展），大多建立在主要的社交平臺上，通過各個平臺的功能實現用戶參與及溝通。

通常企業級網路社群面臨的問題是：開展社群行銷需要投入多少資源？應該如何設計崗位職責及目標？行銷人員需要哪些能力和資源？這些現實問題，目前很難有明確的答案，還需要每個企業不斷地探索和總結。

2. 網路社群的類型選擇——應該建立什麼樣的社群

狹義網路社群往往指微信群、QQ群等將多個用戶連接到一個社交圈子的社群，但由於各種群的規模總是有限的（如每個微信群最大用戶數為500人，QQ群最大用戶數為2,000人），而且群成員之間的關係可能比較分散，缺乏相互溝通的信任基礎；廣義社群則包括各種社交媒體帳號擁有的關注者，即社交網路中每個節點都是一個社群的營運者。社群行銷往往是狹義網路社群與廣義網路社群同時存在，通過不同的方式溝通交流及分享。因此，作為網路社群行銷的基礎，需要對各種社交網路的關注者及聊天群進行合理的劃分，形成目標清晰的社群子系統。

筆者將網路社群類型進行了以下歸納。

（1）狹義的社群成員關係分類

在狹義的社群中（如微信群），根據群主與群成員之間的關係，可將社群分為交流型社群、通知型社群和不確定型社群。其中：交流型社群以群成員的交流互動為主，通常適用於有共同話題且有一定比例的活躍用戶群體；通知型社群則主要由群主（發起人或營運人）向群成員發布消息，成員之間較少溝通，通常群主的權威性較高，成員以聆聽為主；不確定型社群則兼具前兩者的情況，沒有明顯的特點。

（2）社群業務性質分類

根據社群的業務性質，可將網路社群分為服務型社群與訂閱型社群。服務型社群以用戶服務為核心，注重互動諮詢，增強用戶的參與感。訂閱性社群則偏重向用戶傳遞有價值的信息，企業（社群營運者）是訂閱型社群的核心，決定信息傳遞的內容、頻次及行銷目標，屬於粉絲思維的營運方式，是社群行銷的基礎。

（3）社交關係強度分類

根據社群成員在社會關係網路中的連接強度，可將社群分為緊密型社群、鬆散型社群和無關聯型社群三種類型。緊密型社群是社會關係網路中的強關係；鬆散型社群則是臨時關係或弱關係；無關聯型社群雖無直接溝通，但擁有共同的話題，可以發展成為鬆散型甚至緊密型，屬於可發展的社群成員。例如，網路百科同一詞條或同類詞條的編輯者，雖無直接關聯（相互關注及交流），但擁有共同的話題和行為，在一定的條件下可以發展轉化。

（4）社群資源的形式分類

根據社群建立的方式，可將社群分為社交平臺內社群、跨社交平臺社群、

企業社群和個人社群等類型。一個企業的社群資源可能是單一形式，也可能是多種形式的組合。在這些社群方式中，社交平臺內部社群是基礎，包括微博行銷、微信行銷、Facebook 行銷等，是所有社群行銷必不可少的社交資源。這再次表明，社會化行銷是社群行銷的基礎，社群行銷不可能脫離社會化行銷獨立存在。

每個社群的營運者都希望建立一個用戶數量大、活躍程度高、歸屬感強的社群集合，但實際上受到各種因素的制約，很難做到理想狀態，因此就需要在各種類型的群形態中選擇及嘗試適合自己的社群形式及規模。

（三）企業網路社群的營運

簡單地說，開展網路社群營運的一般思路是：一方面盡可能構建及營運以本企業為核心的社群；另一方面可以參與盡可能多的相關社群，或者與資源互補的相關社群進行資源合作，合理利用第三方的社群資源在一定範圍內實現社群行銷的目的。

1. 企業網路社群的加粉

社群加粉需要精心策劃。根據筆者團隊近四年的微信平臺營運實踐，加粉的路徑主要有：活動加粉和內容加粉。其中，活動加粉主要有投票活動加粉、優惠活動加粉、紅包活動加粉、助力活動加粉、拼團活動加粉等。這裡主要講活動加粉。

（1）加粉活動策劃的工作流程

◆明確活動主題

活動策劃人員提前 60 天與高層溝通並明確下月活動主題，是按原計劃開展，還是修改下月活動主題。

◆策劃活動方案

活動策劃人員提前 50 天將下月的活動主題、活動對象、活動設置、活動規則、活動獎項等活動策劃方案報給企業相關人員。企業相關對接人員在收到方案後 3 個工作日內提供修改意見。

◆確定執行方案

活動策劃人員提前 40 天完成月度最終活動執行方案，企業相關人員當面或書面確認執行方案。

◆活動準備前期宣傳

活動策劃人員提前 30 天完成活動執行準備；按計劃，整合各種有效媒介進行廣泛的宣傳。

◆活動正式開始

按計劃實施活動，提供必要的平臺技術支持。

◆活動階段性檢查

按照目標定期檢查活動的執行情況，若與計劃偏差大於 20%，應及時進行總結，制訂必要的活動調整（補救）方案。

◆活動執行調整

若有必要，及時執行必要的活動調整（補救）方案。

◆活動全方位總結

活動執行完畢，總結活動中的成功做法與不足，為下期活動打下堅實的基礎。活動結束後 5 個工作日內，將本次活動的分析評估報告發給相關工作群。

小案例：1 個微信活動如何增加 100,000+粉絲

客戶最關心的就是粉絲增長、閱讀量的增加。沒有粉絲，文章點擊量上不去，推出的內容無人問津。

加粉的方法有很多，筆者團隊也嘗試了不少。例如，抽獎遊戲、轉發朋友圈截圖、朋友圈點讚、後臺搶答回覆……但是效果不大，粉絲幾乎都是在以蝸牛速度增長。最終團隊選擇了微信投票。下面結合一個具體的活動案例來看看是如何通過微信活動加粉的。

微信公眾號：某區級政務號

時間：2016 年 8 月 18 日—9 月 15 日（準備 1 周，投票報名 3 周）

活動主題：最受群眾喜愛的十大美食商家評選

成本：獎品 300 元（其中旅遊大獎、餐飲免單拉取商家贊助），推廣物料 14,240 元（房地產商贊助），投票系統 2,000 元，商家聯繫人員費用 9,000 元，總計 25,540 元（含房地產商贊助）。

效果：活動參與商家 739 家，投票人次 250,000，訪問量 1,500,000。如圖 7-1 所示。活動期間新增粉絲 159,028，活動結束 3 個月後，掉粉 3 萬左右，粉絲獲取成本 0.2 元。微信公眾號閱讀量呈快速增長，最高閱讀量達 30,000+，優質軟文可達 5,000 到 10,000+。

時間	新關注人數	取消關注人數	淨增關注人數	累積關注人數
2016-09-14	25770	8030	17740	
2016-09-13	19466	5506	13960	
2016-09-12	16246	5229	11017	
2016-09-11	10056	3548	6508	
2016-09-10	9520	3493	6027	
2016-09-09	7859	2858	5001	
2016-09-08	6191	1979	4212	
2016-09-07	4617	1380	3237	
2016-09-06	2787	1426	1361	

圖 7-1　粉絲增長情況部分截圖

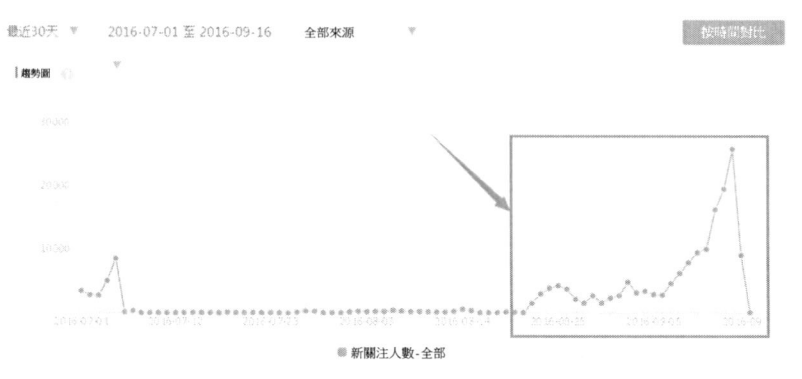

圖 7-2　活動期間粉絲增加趨勢圖

(2) 為什麼投票可以加粉

首先，投票為什麼會受做社群營運的歡迎呢？各種選美、選萌寶、選最佳員工、優秀團隊和商家等不一而足。筆者團隊總結了一下，投票可以增加粉絲的原因主要有以下幾點：

◆趨利性

凡是投票，絕大多數都有票數高低、名次之分，那麼必然就有獎品。比如萌寶投票，就有學習機、定位手錶、攝影套餐、親子遊等獎勵；再如美女投票就有手機、平板獎勵等。本次活動的定位是最受喜愛的美食評選，對於商家，前 10 名可獲得政府提供的獎牌、新媒體宣傳曝光機會；對於參與投票粉絲，活動期間我們每周五有旅遊大獎、星級酒店自助餐、音樂餐廳自助餐、商檢免單、商家優惠券獎品。一場活動只要策劃到位、獎品足夠吸引，一定會有人來

參加。

◆參與感

搭臺唱戲，一個人自嗨肯定成不了戲，所以在這個投票活動中充分體現了參與感。報名參賽者作為第一波參與者，然後活躍在各個群體之中進行拉票、宣傳。而作為投票者，也是在參與，跟參賽者的互動，參與投票，以及體驗活動中其他的內容。

◆榮譽感

人之本性，每個人都希望被認可、被尊重以及被崇拜。投票排名次，爭第一，拉更多的人氣，尋求更多的曝光，曬獎品，曬名次；等等。

◆傳播性

本次活動選擇的是商家評選，每位商家的背後是一個團隊，有老板、店員、顧客，他們的朋友圈都是傳播途徑，對比個人評選，商家評選的傳播性更強，覆蓋面更廣。

（3）加粉活動獎品設置經驗

總結了一下大大小小的活動，獎品主要分為以下幾類，大家根據自己公司和平臺的資源以及承受能力進行選擇。

新品熱品：iPhone、美顏相機等。

數碼：手機、平板、電腦、電視等。

服務：免費洗車、裝修、遊泳卡、球類培訓等。

虛擬產品：旅遊大獎、宣傳曝光等。

券類：抵用券、優惠券、體驗券、免費券等。

加粉活動獎品設置要點：獎品種類有很多，但要適合你的受眾。一個活動的成功與否，在聯合贊助商方面也是非常重要的。以幫助贊助商曝光、引流為切入點，進行洽談較為合宜。

2. 企業網路社群內容策劃及創作

（1）內容生產和發布

①題材範圍確定

要從網路社群用戶喜歡的角度去考慮和選擇相應的題材。題材範圍原則上為最近時事熱點、活動新聞稿改編、深度改編和原創作品。以某區團委微信公眾平臺為例，題材可以為最近時事熱點、上級團組織、黨組織新媒體平臺重要信息；區團委、各團組織和支部活動新聞稿改編；圍繞某一主題，基於5篇左右的閱讀量較高的文章進行深度改編；圍繞創新創業、親子教育、愛情與婚

姻、健康養生等粉絲感興趣、積極正能量的題材進行原創。

②內容創作與編輯

鼓勵結合企業品牌促銷活動、活動等進行原創，精選非原創內容。內容創作與編輯方面的要求：標題要有吸引力，文字要生動，選圖要精美、清晰度高、與文字相呼應，版面要簡潔明瞭。

③三級審查

◆審查選題

新媒體營運編輯進行選題一審、營運團隊責任人進行選題二審、企業新媒體責任人或領導進行選題三審，確定最終的選題。

◆審查內容

新媒體營運編輯首先進行內容一審，包括標題、文字是否通順、文字是否生動、內容的完整性、圖片的清晰度、圖片與文字的匹配性和錯別字。營運團隊責任人進行二審、企業新媒體責任人或領導進行內容三審，確定最終的內容。

④推送條數和時間

經三級審查同意後方可推送。訂閱號每日推送1~3條，推送時間為周一到周六，每天推送時間原則上為下午6點前後10分鐘、中午12點前後10分鐘。

(2) 企業網路社群的管理

企業網路社群的管理主要是微信群的管理。筆者團隊曾指導過某區團委微信群營運管理。這裡以某區團委微信群管理為例，旨在為讀者分享一個政務類微信群管理的經驗，希望能夠對企業微信群的管理能夠有一定的借鑑。

為了推進群團改革工作，某市團委作為全國群團改革工作試點，該市的某區團委又被選為該市團委群團改革試點單位。群團改革試點內容很多，其中有一個就是「互聯網+群團」，通過微信公眾平臺、微信群、微博、APP、網站形式，吸引更多的青年人關注和參與、有效占領群團的網路陣地！

依照「應建盡建」原則，全區每個團組織（團委、團總支、團支部）都已建立微信群或QQ群。其中，團委的群成員為所轄各支部負責同志，團總支的群成員為所轄所有團員青年（包括外出務工青年）。結合區域化團建工作，廣泛建立一批基層「地緣、業緣、趣緣」網路團支部。區委宣傳部統一部署，該區團委牽頭建立「團聚江北」微信群，各直屬團組織負責人加入。據不完全統計，由基層團組織負責人牽頭建立，各基層團支部書記加入的微信群72個；由基層團支部牽頭建立，各基層團員加入的微信群862個（其中包括興趣

群 87 個）；各級群團組織建立了 500 個 QQ 群，累計成員量達到 20 萬人。

在建立工作聯繫群和興趣群的過程中，筆者團隊遇到的問題有：①各團支部書記群團改革工作通知信息不規範，導致支部群的支部書記或支部負責人不知道怎麼展開建立支部微信群工作；②各團支部和興趣微信群名格式不統一，分不清楚是哪個單位——支部群；③群團改革工作內容推送時間觀念不強，導致推送的軟文閱讀量低；④支部群的活躍度不高，互動性差；⑤沒有高效的收集支部群和興趣群的有效意見。

小案例：某區團委微信群管理試行辦法

為保證微信群矩陣的運行高效、內容規範、信息暢通、互動良好，結合某區團委的實際，制定本試行辦法。

1. 微信群建立

（1）建立「團聚江北」微信號，統一管理本區團委工作聯繫微信群和興趣微信群。

（2）機關國有企業、街鎮社區、學校系統、非公經濟和社會組織四個系統興趣微信群組原則上由本區團委負責建立並進行監管，由「團聚江北」負責規範管理，並指定專人負責日常維護管理工作。在建立時須明確微信群組的名稱、成員組成、專管人員等。

（3）機關國企、街鎮社區、學校系統、非公經濟和社會組織四個系統下的團支部若人數少於 30 人，需建立工作交流微信群組的，可自行建立，但需報本區團委「團聚江北」備案，並嚴格按本辦法進行管理。

2. 微信群營運

（1）在微信群開展群團改革背景下的活動需求調查，通過在微信群發送調查問卷表鏈接，來瞭解微信群成員的需求，從而提供更好的服務。

（2）每天定時推送本團委公眾平臺群發信息一兩條，讓團組織和團支部的群成員積極響應群團改革在行動。

（3）積極開展線下活動，「團聚江北」需積極在微信群發布線下活動相冊，為下次活動做好鋪墊，渲染氣氛。

（4）利用微信群開展團組織生活，可就團組織生活中開展的話題討論進行留言和點讚，獲得點讚最多的留言者獲獎。

3. 微信群管理

（1）微信群責任人參與該微信群的日常維護和管理監督工作，及時做好群成員的加入、移出等工作。

(2) 每個微信群均應明確專人管理微信群的內容，負責群中發言信息管理、群內交辦事項督辦等工作。微信群管理員一般由「團聚江北」營運人員擔任。

(3) 各微信群成員務必遵守以下規定：

嚴格按照微信群組成員要求加入相對應的群組，做到不隨意加入與自己無關的微信群，不邀請無關人員加入微信群。加入微信群後一律使用真實姓名，並相互提醒、相互監督。發現有無關人員進入某微信群後，及時聯繫該微信群責任人或管理員。嚴格自律，注重言行，不得發布與國家的法律、法規、制度、政策相抵觸的言論，堅持積極向上、文明用語，不允許發布未經公開報導、未經證實的小道消息。由「團聚江北」每個月定期與團委、團組織、團支部負責人電話或微信聯繫一次。「團聚江北」在微信群組中傳達的工作安排、要求信息等同於電話、郵件、紙質文件等傳達的效力，如相關部門或人員不及時按要求進行處理，均參照現行有關辦法進行處理。

小案例：某區團委微信群負責人管理試行辦法

1. 總則

第一條　本區團委微信群是在本區政府群團改革大背景下建立的，用於工作交流或者興趣交流，以便於本區團委進一步瞭解團員與群眾需求，促進與團員、群眾之間的良性互動，積極開展各項群團改革工作。

第二條　本區團委將開展定期考核，若某微信群已經成為某團組織微信群，微信群負責人的考核辦法參照附件當中的《團支部書記年度滿意度測評流程工作規範》。

第三條　為了保證未達到成立團組織條件的微信群的高效運行、提高微信群負責人的積極性，結合群團改革實際，特制定本試行辦法。

2. 微信群負責人職責

第四條　選拔和邀請具備相應資源和能力的人擔任微信群負責人，也稱為微信群群主。

第五條　微信群負責人參與該微信群的日常維護和管理監督工作，包括群中發言管理、保持群內活躍度。

第六條　微信群負責人及時做好群成員的加入、移除等工作。

第七條　微信群負責人負責收集微信群成員線上、線下的活動需求，待條件具備時積極開展各種活動。

3. 激勵辦法

第八條 本區團委對微信群負責人進行正式身分認證，頒發聘書。

第九條 主要由團聚江北、微信群成員對微信群負責人進行背對背投票，投票結果為優秀、優良、合格和不稱職四個等級中的一個。投票人員若達到微信群成員的 2/3 時有效。若微信群成員達到 100 人左右，2/3 的投票結果中是良或優，將優先同意該微信群成立團支部的申請。

第十條 本區團委出具書面的考核結果材料，該結果可作為本人參與群團活動的證明材料，在黨政機關、事業機關、國企工作人員、在校學生等群體等在個人考核時予以考慮。

國家圖書館出版品預行編目(CIP)資料

社交媒體營銷策劃 / 樊華、蔡倫紅、莫小平、白仁春、華勇 著.
-- 第一版.-- 臺北市：崧燁文化，2018.09

面 ； 公分

ISBN 978-957-681-620-8(平裝)

1.網路行銷

496　　107014810

書　名：社交媒體營銷策劃
作　者：樊華、蔡倫紅、莫小平、白仁春、華勇 著
發行人：黃振庭
出版者：崧博出版事業有限公司
發行者：崧燁文化事業有限公司
E-mail：sonbookservice@gmail.com
粉絲頁　　　　　　　網　址：
地　址：台北市中正區重慶南路一段六十一號八樓 815 室
8F.-815, No.61, Sec. 1, Chongqing S. Rd., Zhongzheng Dist., Taipei City 100, Taiwan (R.O.C.)
電　話：(02)2370-3310　傳　真：(02) 2370-3210

總經銷：紅螞蟻圖書有限公司
地　址：台北市內湖區舊宗路二段 121 巷 19 號
電　話：02-2795-3656　傳真：02-2795-4100　網址：
印　刷：京峯彩色印刷有限公司（京峰數位）

　本書版權為西南財經大學出版社所有授權崧博出版事業有限公司獨家發行
　電子書繁體字版。若有其他相關權利及授權需求請與本公司聯繫。

定價：350 元
發行日期：2018 年 9 月第一版
◎ 本書以POD印製發行